U0195078

行\知\茶\文\化\丛\书

普洱寻茶记

马哲峰 著

中州古籍出版社

· 郑州 ·

图书在版编目（CIP）数据

普洱寻茶记／马哲峰著. —郑州：中州古籍出版
社，2018.4（2023.12重印）
（行知茶文化丛书）
ISBN 978-7-5348-7785-8

Ⅰ. ①普… Ⅱ. ①马… Ⅲ. ①普洱茶－茶文化
Ⅳ.①TS971.21

中国版本图书馆CIP数据核字(2018)第061844号

PU'ER XUN CHA JI
普洱寻茶记

丛书策划：韩　朝
责任编辑：岳鸳鸯　崔李仙
责任校对：钟　舟
装帧设计：武晓娜

出版发行：中州古籍出版社
　　　　　　地址：郑州市郑东新区祥盛街27号6层
　　　　　　电话：0371-65788693
经　　销：河南省新华书店发行集团有限公司
承印单位：河南瑞之光印刷股份有限公司
开　　本：710mm×1000mm　16开
印　　张：17.5
版　　次：2018年4月第1版
印　　次：2023年12月第4次印刷
定　　价：68.00元

若发现印装质量问题，影响阅读，请联系出版社调换。

《行知茶文化丛书》编委会

主任： 马哲峰

委员（以姓氏笔画为序）：

卜佑园　马博峰　方姗姗　田　丹

刘雪青　许　婧　杨晓茜　杨晓曼

张知佳　赵会欣　原智慧　黄宏宽

崔梵音　解伟涛　魏菲菲

知行合一，习茶之道

"行知茶文化丛书"序

郭孟良

　　好友马君哲峰，擅于言更敏于行，中原茶界活动家也。近年来创办行知茶文化讲习所，致力于中华茶文化的教育传播。他一方面坚持海内访茶、习茶之旅，积累实践经验，提升专业素养，并以生花妙笔形诸文字，发表于纸媒或网络，与师友交流互鉴；另一方面在不断精化所内培训的同时，走进机关、学校、社区、企业，面向公众举办一系列茶文化专题讲座，甚得好评。今整理其云南访茶二十二记，编为《普洱寻茶记》，作为"行知茶文化丛书"的首卷，将付剞劂，用广其传，邀余为序。屡辞不获，乃不揣浅陋，以"知行合一，习茶之道"为题，略陈管见，附于卷端，以为共勉。

　　知行合一，乃我国传统哲学的核心范畴，所讨论的原是道德知识与道德践履的关系。《尚书·说命》即有"非知之艰，行之惟艰"的说法。宋代道学家于知行观多所探索，朱子集其大成，提出了知行相须、知先行后、行重于知等观点。至明代中叶，阳明心学炽盛，以良知为德性本体、致良知为修养方法、知行合一为实践工夫、经世致用为为学旨归，从而成就知行合一学说。以个人浅见，知行合一可以作为茶人习茶之道，亦可以作为"行知茶文化丛书"的理论支撑，想必也是哲峰创办行知茶文化讲习所的初衷。

知行本体，习茶之基。知行关系可以从两个层面来理解，一般来说，知是一个主观性、人的内在心理的范畴，行则是主观见之于客观、人的外在行为的范畴；而就本体意义上说，二者是相互联系、相互包含、不可割裂为二、也不能分别先后的，"知之真切笃实处即是行，行之明觉精察处即是知"。茶文化的突出特征是跨学科、开放型，具有综合效应、交叉效应和横向效应，既以农学中惟一一个以单种作物命名的二级学科茶学为基础，更涉及文化学、历史学、经济学、社会学、民俗学、文艺学、哲学等相关学科，堪称多学科协同的知识枢纽，故而对茶人的知识结构要求甚高。同时，茶文化具有很强的实践性特征，表现为技术化、仪式化、艺术化，需要学而时习、日用常行、著实践履。因此，茶文化的修习必须坚持知行本体，以求知为力行，于力行中致知，其深层意蕴远非简单的"读万卷书行万里路"所可涵盖。

知行工夫，习茶之道。阳明先生的知行合一既是一个本体概念，更是"一个工夫""不可分作两事"。这与齐格蒙特·鲍曼"作为实践的文化"颇有异曲同工之妙。一方面，"知是行的主意，行是知的工夫""真知即所以为行，不行不足以谓之知"，作为主观的致知与客观的力行融合并存于人的每一个心理、生理活动之中，方可知行并进；另一方面，"知是行之始，行是知之成"，亦知亦行、且行且知是一个动态的过程。茶文化的修习亦当作如是观，博学之，也是力行不怠之功，笃行之，只是学之不已之意；阅读茶典、精研茶技是知行工夫，寻茶访学、切磋茶艺何尝不是知行工夫；只有工夫到家，方可深入堂奥。从现代意义上说，就是理论与实践相统一。

人文化成，习茶之旨。阳明晚年把良知和致良知纳入知行范畴，"充拓""至极""实行"，提升到格致诚正修齐治平的高度。茶虽至细之物，却寓莫大之用，成为中华优秀传统文化的重要载体，人类文明互鉴和国际交流的元素与媒介。在民族伟大复兴、信息文明发轫、文化消费升级的背景下，茶文化的修习与传播，当以良知笃行为本,聚焦时代课题、家国情怀、国际视野,以茶惠民,清心正道,以文化成,和合天下,为中华民族共同体和人类命运共同体的构建发挥其应有之义。

基于上述认识,丛书以"行知"命名,并非强调行在知前,而是在知行合一的前提下倡导力行实践的精神。作为一个开放性的丛书,我们希望哲峰君的寻茶、讲茶之作接二连三,同时更欢迎学界博学、审问、慎思、明辨的真知之作,期待业界实践、实操、实用、实战的笃行之作,至于与时俱进、守正开新的精品杰构、高峰之作,当寄望于天下茶人即知即行,共襄盛举,选精集粹,众志成城,共同为复兴中华茶文化、振兴中国茶产业略尽绵薄之力,以不辜负这个伟大的新时代。

戊戌春分于郑州

行走秘境，穿越千年的游学

《普洱》杂志名誉总编辑、创刊人　王洪波

　　初识马哲峰先生，是由于他行走于云南茶山的那些文字，印象中他像一个茶山的游侠，不时在茶山游走，行走已然成了他生活的一部分，其中，一些耳熟能详的名称勾起了我大脑深处的记忆。

　　我接触到易武、攸乐（现基诺）、南糯山、布朗山这些奇异的地名的时候是在 20 世纪 60 年代，当时我是一个十八九岁的军人，心怀着无边无际的浪漫主义和对古巴游击队领袖切·格瓦拉这个有些反叛而坚毅形象的膜拜，神往着热带丛林里游击队员的生活，从军校报名来到西双版纳勐腊县这个中国最南边的国境线上，军营就驻扎在离南腊河不远的一片热带雨林里。南腊河被当地传说称为"天上来的茶水的河流"，而其中"腊"字在当地民族语中是茶的意思。不过，这个地名的含义，我也是很久以后才弄懂的。而南腊河上游的那些支流、山涧和溪水正是从易武、倚邦、革登附近那些被称为"古六大茶山"的雨林深处汇集而来的，似乎，几十年后与茶结缘，就是因为当年喝了这河里的山泉水沾染了灵气。更有意思的是，南腊河从勐腊流向西南50多公里之后便到了一个叫"绿三角"的地方，并从这里流出国境，汇入那条上游被称为澜沧江、中下游被称为湄公河的东方大河，而南腊河汇入大江的"绿三角"正是一条大河两个名称的分界线。这条名为澜沧江的大河的沿岸分布着一百多座古茶山，它也成为了中国云南普洱茶产区的地理标志。此后的几十年间，我曾有机会数次在"绿三角"停留并久久眺望，深深感受到热带河流深沉的母性，她是那样的博大、包容和温情。

由于普洱茶产生于如此遥远的边地，再加上清朝末年以来的战乱、贫困、文化的百年断代，它几乎销声匿迹。但在21世纪初，普洱茶蓦然回归，让内陆尤其是中原地区浸润在绿茶生活里的人们感到有些错愕和新奇。普洱茶产地聚居的众多种茶制茶的民族，处在不同的社会发展阶段，拥有奇异的风土人情，甚至连气候带的不同、海拔的高低也造就了许多与众不同的神秘。18世纪曾有一位法国探险家说，喜马拉雅山那些向南延伸的支脉，就像一座巴摩尔塔，无数的不同种族、不同社会形态的人会从不知名的缝隙里突然蹦出来，就像远古的精灵。

马哲峰先生和所有的人一样，刚接触普洱茶就迎面碰上了它那套让人困惑而迷乱的话语体系。在这些晦涩、繁杂、混沌的符号面前，有些人知难而退，而马哲峰先生则决定带着好奇心一探究竟。

马哲峰，河南人，早年在大学里任教，因爱上茶和茶的文化，退出教职自办茶文化工作室，潜心做一个茶人。一个偶然的机会碰上了普洱茶，也许是有感于它的神奇、深邃与广博，那热带雨林里那些隐秘的生态奇观，那被大山包裹的山寨里唱着遥远古歌的各族山民，那不期而遇的一片又一片自然生长了百年、千年的古茶林……对于生长在中原大城市的马哲峰来说，都是无法摆脱的诱惑。自2011年他首次进入云南茶区，便一发而不可收，每年一至两次，为一片普通的树叶开始了探索和游学。哲峰连续走了七年，几乎走遍了澜沧江中下游的那些普洱茶的名山古寨，并且写下了几十篇类似游学笔记的文字。他信手写来，谈见闻，谈历史，谈经济，谈风土，谈人物；不雕琢，不刻意，像茶桌对面的朋友，几杯淡茶下肚，海阔天空，构成了一种朴实而恬淡的语境。过后回味起来，他文章中的种种关注之点，却内蕴着一种人文的宽厚与旷达。原以为哲峰有文青经历或是接受过文学写作方面的训练，但得到的答复却是并非如此。也许这答案就隐藏在他的5000多册个人藏书中。

在哲峰寻访茶山的许多笔记里，几乎都要提到去茶山的那些崎岖曲折的山路，寻路的艰辛，遇险的惊恐，行走的疲惫，到达的欣慰……这仿佛是一次次时空的穿越，一遍遍引导他进入丛林中那些陌生而幽暗的小径，目光所及的不同生存环境及其巨大反差，让他的心灵不时受到强烈的撞击。渐渐地，他发现这些多次把他带到山野、林间、村寨、火塘边的形形色色的路，让他看到了最本真的自然、最悠远的历史、最多样的人文形态，让他走进了人类学、民族学的现实生活长卷，同时也更贴近了生命的美与善。

哲峰的行走和游学，走的是一条心灵回归、精神朝圣之路。从黄河文明的源头走向类似史前的蛮荒，从后工业化的水土污染、雾霾重重走到热带原始森林的天朗气清，进入"大自然的本底"，他仿佛看到了千年前黄河流域原初的景象，看到了人类的功利与渺小、大自然的造化和伟力，看到了生物的多样性和人类生存必须遵循的比例感。从千家寨、香竹箐，到邦崴、景迈山、易武，他看到了茶树的起源、栽培和发展，看到了最原始的手工制茶的完整链条，看到了茶林和原始森林自然地相融，他感叹村寨在茶林里、茶林在村寨中那样一种茶与人、人与茶共生共融、相生相伴的美好与和谐。他明白了：人不能妄自尊大，人只是自然众生中的一环。

十分赞同一种说法：旅行是一种行走的阅读，一个真正的旅行者往往能成为一个人类学家。俗话说，读万卷书，行万里路，讲的也是这个道理。哲峰行走于云南茶山访茶，经历着不同的民族地区。就在几十年前，这些民族地区的社会形态还处在十分久远的阶段，与内地相差着好几个世纪。例如：部分深山里的佤族、哈尼族、布朗族等，有的甚至还在奴隶社会末期或封建社会早期，处于被称为"人类童年"的时期。30 年来的改革开放，市场经济、私有经济等观念对他们来说无疑是巨大的冲击和必须适应的现实。社会转型的痛苦、焦虑，获得的欣喜和生活巨变后的超常的复杂心态，千年难遇。哲峰的文章中对此多有描写，无形中成为一种十分宝贵的时代见证，其中有些段落可以看作精彩的人类学田野考察笔记或索引。如果，哲峰的文字能有更多现代风土人情、宗教文化方面的感受融入其间，这些笔记将会更加丰满有趣。不过，哲峰还年轻！

　　一个人的生命质量，很大一部分是由他的人文素养决定的，而人文素养的深度与厚度，又取决于他的阅读与阅历。台湾的艺术评论家蒋勋说：我有一梦，总觉得自己是一种树，根在土里，种子却随风云去了四方。有一部分眷恋大地的，在土里生了根；有一部分喜欢流浪，就随风去走天涯。哲峰七年的茶山行走与游学，已经超出了行为本身，它将成为哲峰生命里的一个印记。他在不断地行走中发现了茶对人类生命的美、对生活的温润、对时光的善意。对于现代人来说，行走与游学是一生的事情。我想，哲峰也一定会继续走下去，因为前面总有无尽的美在幽暗的生命之河中闪光。

目录

目录

普洱寻茶记

白莺山寻茶记

普洱寻茶记

年年春天访茶云南，转眼间已然过去了 7 年。犹记得 2011 年第一次到访云南茶山后回到昆明，在苏芳华先生家里，无意中品尝到了 2006 年白莺山古树茶，虽然之前从未听闻过这座茶山，但是一饮倾心。想想云南这广袤无际的红土高原上数不胜数的古茶山，顿生向往。于是转过头去，与同去的友人笑言："今后 10 年，每年都要来云南。"当时朋友也许觉得是笑谈，看他的神态似乎未曾放在心上，而自己则是暗暗下定决心，认了真的。而今距十年之约，越来越近了！

　　2014 年、2016 年两过滇西临沧市下辖的小城云县，心心念念想去白莺山，却终未能如愿，而在 2016 年的春天反平添了一段插曲。

　　念念不忘早前品饮白莺山古树茶留下的美好记忆，于是分外留心。在云县前往凤庆的公路旁边，车窗外一闪而过的一家茶厂招牌令我心为之一动。马上想起来，之前喝过的白莺山古树茶就是出自这家茶厂。于是临时起意，掉转车头，拐了进去。有趣的是当时一帮河南人跑到了云县，而这家茶厂的老板却在郑州参加茶博会。厂家接待我们的人员态度不咸不淡，一门心思都在茶上的我们并不在意。无意间在展厅里又见到了 2006 年白莺山古树茶，这可真是让人惊喜。再次品鉴之后，大感惊讶，同样的一款茶，存放在云县与存放在昆明真可谓天差地别。于是提出来想买一点，或许是高兴过头了，丝毫不加隐瞒地将早前的经历讲了出来，结果反而引起了对方的误解，无论如何都不肯卖，就连我们搬出了苏芳华先生也无济于事。最终不得不空手而去，在内心留下了无尽的遗憾。

　　直到 2017 年春天，才圆了赴白莺山访茶的夙愿。从昆明下了飞机，驱车上路,从中午12:00出发,直到晚上7:30,历经7个多小时的奔波,到访云南的第一站,就直奔云县。

晚上,云县茶叶促进会的曾廷润秘书长为我们一行八人接风,相约第二天共赴白莺山访茶。晚饭后,沿着街道步行往回走。这个小城的夜色是如此美好,回顾以往的匆匆而过,想来是误会了这座小城。

3月19日上午8:00,用过早餐后,曾秘书长亲做向导,带领我们分乘两辆越野车上路。一路沿着214旧国道直奔漫湾镇,中午饭提前到10:30。大家的胃口显然很好,来了个"光盘"行动。过了漫湾镇,右转上山。越野车在弹石路面上怒吼着向上攀爬,U形弯道、麻花路线,盘绕而上。在澜沧江上拦腰筑坝修建的漫湾水库形成了百里长湖,赋予了这里优越的小气候。道阻且长,开车的解伟涛笑言:"把浪长线愣是看成了很长线。"路如其名,人在车里如浪摇动。从漫湾镇到白莺山巅垂直落差极大,海拔也在2000米以上。

将近正午时分,堪堪赶到核桃林村。曾秘书长介绍:"这里曾经

满山种植的都是核桃树，山民赖此为生，因此而得名。"中途小憩，落脚处是曾秘书长妹妹家。稍作歇息后，兄妹两人带着我们去看村子周边的古茶树。树粮间作，套种的都是小麦，这是过往云南访茶经历里所仅见。茶树品种有茶农俗称的二嘎子茶、本山茶，还有引种栽培的勐库大叶种茶树。仔细观察发现，茶树如漫天星般散落在村子的周遭。留存下来的，大都成排成行，似是前人栽种下来的。

从核桃林村出发继续前往白莺山村，天空飘来一片云，零星落下几点雨滴，正兀自有些担心，风来云去，热辣辣的大太阳再次当空照。一路所见，道路两旁处处大兴土木，修造房屋、茶叶初制所，路上遇到的车辆大都是满载建筑材料的大卡车。茶叶初制所林立道旁，大都空空荡荡，可见春茶上市的旺季尚未到来。偶尔在道路两旁的茶园里看到有茶农在采摘小树茶的鲜叶。

　　过了白莺山村委会，将车辆停放在路边，步行前往白莺山茶树王的所在。转过街角，一棵硕大无朋的茶树出现在眼前。树下有块石碑，刻有文字——"白莺山茶王二嘎子"，树龄标称 2800 年。大家欢呼雀跃，围着茶树王各种留影。来了一位茶农，自称是茶树王的主人，名叫卢正强。热情的主人邀请大家到家里喝茶。听闻曾秘书长说过，去年这棵茶树王春茶一季就采下了 80 多公斤的鲜叶，全被一位韩国人买了去，花费了 20 多万元。只是卢正强的初制所显得太过简陋，随口问道："赚了那么多钱，都花光了呀？"后来据知情人介绍：原来茶树王属于兄弟三人，过往茶叶不值钱的时候，谁采都无所谓，值了钱就有了争执，政府都出面调解了好多次。2015 年才卖了几万元，2016 年卖了 20 多万

白莺山茶王二嘎子，树龄 2800 年

的那位，转过年就修建了一栋漂亮的房屋。2017年轮到卢正强，据他自己说："谁出的价钱高，就卖给谁！"满心满眼都是对美好生活的期望。

曾秘书长还带我们去看了一处白莺山佛茶所在。当年这里有座香火鼎盛的大河寺。或许是缘于此，早在2007年由河南嵩山少林寺释永信方丈带着200多位僧人来开过光。树前竖立着四幢石碑，其中一块石碑上刻有："白莺山中国千古佛茶圣地！"落款为永信大和尚。

白莺山古茶园共有一万两千多亩，被称为"中国古茶树自然博物馆"。此行所见，二嘎子茶已经竞相萌发，过不数日就可以开采了，而黑条子茶嫩芽正初初萌发，藤条茶还看不到动静。大自然有着自己神奇的属性，古茶树萌发期天然划分成早、中、晚。据当地茶农说：二嘎子茶、本山茶价值高，茶农自己都舍不得

喝；顶多喝点勐库大叶种的茶，这种茶占了多数。

眼见天色渐晚，于是恋恋不舍地告别白莺山往回返。从乡道浪长线下到山下，左转沿着漫湾电厂修造的道路直奔214新国道，从澜沧江大桥转上二级路，车行100余公里返回云县。

晚上相约曾秘书长喝茶，一款是白莺山勐库大叶种古树生茶，另外一款是2007年特供少林寺白莺山熟砖茶。生茶的甜美，熟茶的醇和，让人的思绪再度飞回白莺山——或许在下一个茶季，白莺山古树茶上市的时节，我们会再度相约白莺山，共同相期品鉴白莺山古茶。那该是怎样一种令人神往的美好时光？

香竹箐寻茶记

普洱寻茶记

连年到访云南，滇西临沧市的名山头，总是叫人心生惦念。最近4年近100场的茶文化公益讲座，每次开场讲到的就是凤庆县香竹箐的锦秀茶祖。2016年吉尼斯世界纪录认定其树龄为3200年。今年当提议此行准备前去参观时，一行人都忍不住欢呼起来！

早上从云县出发直奔凤庆方向，导航一次次呼唤我们右转上无名道路，定睛细看，云县到凤庆之间新修的道路正在施工，并无道路可循，于是不再理会导航的絮絮叨叨，先行直奔凤庆县城，再沿着昔日的路线前往。导航上的路线虽说是远了一点，但在云南茶山行，稳妥比犯险冒进更重要，也是更好的选择。

从凤庆县城沿着凤腰线上山直奔锦秀村，行不多远，一眼瞥见路旁竖了个牌子："前方道路施工，禁止通行。"心下一沉，看看对面不断有车辆驶过来，也只好硬着头皮前进了，这个时候就只能看运气了。山路无数弯，仿佛漫无尽头。直到前方出现了一辆当地牌照的越野车，开得又快又稳，索性来个跟跑。许是受到幸运之神的青睐，前车居然也是去同样的目的地。40多公里的路程，导航显示需要两个半小时，居然提前了40分钟到达。车至锦秀村停车场，前车也停下来好奇地回望我们。于是近前打招呼："您就是这个村里的吗？"这个看上去淳朴憨厚的汉子点头微笑。于是索性跟着上他家里去看茶。

村子的路边，两个身材高大魁梧的外国人与几位茶农围着一棵古茶树采摘鲜叶，其中一位身手敏捷地攀上树去，采起来有模有样，另一位则将三脚架支在树下仰拍。巧的是，正是给我们带路的那位茶农家来的茶友——两位来自俄罗斯的茶商。

一排古树，拿随身携带的尺子逐一测量，树干围径大都在 130 厘米，就只有正在采摘的这一棵新梢蓬勃生长，余下的仍要再等待些时日才可以。众人背上采下的鲜叶一起回到茶农家里，将青叶摊放在水筛上，待其挥发水分、青草气，至适宜的节点再下锅炒茶。

茶农将青叶摊放在水筛上

等待的当口，一行人前去参观锦秀茶祖。带路的茶农名叫韩凤昌，用随身携带的钥匙打开门上的铁锁，并一再叮嘱："就连茶树落下的叶子都不可以捡走。"据说有 360 度摄像头实时监控。隔着竹木栅栏仰望古茶树，树上挂着一块保护牌，标称其树龄为 3200 年，落款为凤庆县人民政府。

瞻仰过锦秀茶祖的雄姿之后，又返回茶农韩凤昌家里。来的都是客，任是俄罗斯的茶友、台湾的茶友，还是河南的茶友，都团团围坐在茶桌前品茶。

下午两点半，韩凤昌开始生火，准备下锅炒茶。来自台湾的一位茶友，绑了个小辫子，从甫一见面就喋喋不休地各种说教，即便站在杀青锅前，犹自停不下来。两位俄罗斯茶友汉语非常流利，而且性格开朗，其中一位站在台湾茶友的身后，又是摇头，又是摆手，又是撇嘴，表情生动有趣，让人忍俊不禁。私下猜度，或许是用这夸张的动作表示并不认同台湾茶友的各种喧宾夺主的言行吧！

韩凤昌手脚麻利地将杀青锅刷洗干净，然后站在灶前耐心等待锅温升上来。他跟嘴巴停不下来的台湾茶友邀约："您来先炒一锅？"台湾茶友却各种推托。

上午单株采下的古树茶鲜叶，只有10公斤多一点，先称量过后，分作两锅来炒。鲜叶下锅，噼啪作响，升腾起白色的水气。技艺精湛的韩师傅，徒手炒茶并不借助任何工具，就连手套都没有带。虽说炒茶口诀有"手不离

茶，茶不离锅"之说，但炒青时青叶 60 摄氏度的高温，并不是每个人都能耐住的。前期的翻炒抖散，后期的抖闷结合，极为消耗体力。汗水沿着韩师傅黝黑的脸庞不住往下淌，他时不时用衣袖擦去汗珠。20 多分钟以后，杀青完成，青叶出锅，均匀地撒在水筛上摊晾。然后接着去炒第二锅。待第二锅炒完，前面的杀青叶刚好完成摊晾，可以进行揉捻工序。

又过了 20 分钟，炒完了第二锅的青叶，韩师傅站在一旁笑着说："昨天接了一拨茶友上山，今天又接了另一拨来，有些累了，吃颗烟喘口气。"然后开始手工揉捻，团揉抖散。在韩师傅的手中，茶条索逐步紧结成形。然后交由韩师傅的家人，端起来送上阳台，薄薄地撒在竹筛里，趁着大好的阳光将其晒干。

难得亲眼目睹香竹箐古树单株采制，心下甚慰。恋恋不舍地告别韩师傅，辞别香竹箐，心下安慰自己，或许在下一次到来的时候，会有机缘品鉴到香竹箐古茶吧！

回想起过往，台湾师范大学邓时海教授莅临河南郑州为茶友们作讲座，曾笑着对客串主持的我说："小马，不要再跑云南茶山了，你已经跑了那么多了，以后茶山可以放在茶桌上了。"我笑而不言。邓教授的品鉴能力是极为令人感佩的，尤其是对普洱茶的仁人用心——着意推出福禄圆茶，主要就是凤山茶，期望能带动凤庆的茶农过上好生活。每每品鉴福禄圆茶，都让人悠然神往，那里有锦秀茶祖香竹箐大茶树，还有让人时时回味的美好时光！

昔归寻茶记

普洱寻茶记

大爱昔归，已有经年。

此番再上昔归，走的是一条此前未曾走过的路。自云县出发，走 214 旧国道，行不数里，转上 274 县道，路况之好让人讶异。转念一想，似有所悟，正如云县茶叶促进会曾廷润秘书长所言，云县就靠漫湾水电站和大朝山水电站，托了这两家的福，道路都出乎意料地好。车行 70 公里之后，过了云县大朝山西镇右转上临大线，一下子又回到现实中来，坑洼不平、逼仄狭窄的盘山公路，才是云南茶山行路况的常态。十数公里之后，就进入了临翔区邦东乡境内，面朝澜沧江一山分两地，半归云县半归临翔区，整座山声名最著的当属临翔区邦东乡的昔归。云茶仓严秋如先生风趣幽默："夕归，夕归，早上去，晚上回！"从云县经大朝山至昔归单程百公里，三个半小时就到达了。比起以往从云县经临翔区至邦东乡昔归的路线，少了至少 60 公里的路程，节约了 1 个小时的时间，真的可以做到早出夕归了！

车辆行近位于高山之上的邦东乡，路口的指示牌标明往下行 18 公里就是目的地昔归。在所走过的云南古茶山中，昔归最为独特，村子位于澜沧江畔，唤作芒麓山的古茶园海拔只有 900 多米，几乎是最低的，茶却出奇地好。往年来昔归访茶，早晨从邦东去昔归的路上，总要穿过澜沧江

水面之上雾气形成的雾带。高山云雾滋养出昔归古树茶上好的香味。
这是昔归茶区独特而又优越的小气候条件所赋予的。

　　半山之处，从去年开始设了入村检查站。满面笑容的守门人过
来验看了我们车辆的后备厢，确认没有携带茶叶才抬杆放行。正如
有些茶友笑言："这不过是做样子给人看罢了，当真要带，哪里还
不能送进去？"不过就是有样学样，在各个茶山都有这一套形式主义。
过了关卡没多远，一眼瞥见路旁有个牌子，指示这里可以通向古茶园。
于是停下来打电话求证，得到的答复是："通是可以，就是车开不远，

要走路下去。"于是我们决定下车步行，留下解伟涛先生、马博峰老师把车开到村里去。果不其然，走出去没有多远，大路就没有了，只剩下羊肠小路。身后传来摩托车的轰鸣，一对年轻的茶农夫妇骑车去采茶，顺道求证之后，我们放心前行。一路所见，原本满山满园的橡胶树被就地放倒，改种成了茶树。这似乎也可以说明茶叶的收入提高，促使茶农做出了改变。继续往深处走，触目所见让人有些刺痛，到处是被砍伐、剥皮、放火烧死的树木，为的是腾地种茶。茶，福兮？祸兮？通过向下张望澜沧江的流向判断芒麓山古茶园的方位，古茶树与小茶树混生，真正的古茶树十分珍稀。在茶园里又碰上了一对正在采摘小茶树鲜叶的年轻夫妻。上前打探："今年什么时候开采的呀？"回复说："今天是第一天采。"穿过古茶园，前面出现了木板铺就的路面，蜿蜒曲折，通向山下。古茶树只有少量的早生种新梢萌发，中生种嫩芽初生，晚生种尚没有动静。抽样测量，多是大叶种。

　　沿着观光的木板步道走到半山腰，马博峰老师已经在此等候多时。他带着大家走小路下到澜沧江畔相熟的茶农家里喝茶。据茶农说，今年的茶比往年晚采了将近二十天，这也意味着今年昔归春茶的产量注定要下降，少说也要减产三成。产量下滑，寻茶人增多，茶叶价格上涨成了普遍的预期。茶农们普遍的报价都在 3000 ～ 5000 元一公斤。几个外来的茶友，苦苦在此守候了七八天，扫干净一户茶农头采的茶，拢共也没有几公斤。看情形，今年昔归头春古树春茶，恐怕不会有量，集中采摘要到四月份二春了。但愿如茶农所说："今年茶的品质肯定会不错！"

遥望远方，玉溪至临沧的高速公路正在修造当中，跨过澜沧江大桥就距昔归不远了。听闻高速公路在邦东乡有出口，过不数年，高速公路通车后，昔归想必会如热络的景区般吸引大量的茶友。

　　天色将晚，离开昔归上至邦东乡，沿着乡道直奔临沧市区。道路两旁处处都是修造房屋的工地，加上附近玉林高速公路施工的工程车辆，羸弱的乡村公路经不起如此碾压，已经破烂不成样了。得亏我们驱乘的是越野车，换作是轿车，怕是早就搁在路上了吧！80多公里的山路，整整两个半小时在路上狂飙突进，方才在天黑之前回到市区。

在云茶仓与严秋如先生相约品茶，方才得知就连邦东乡政府的茶也存放在云茶仓。这里不但有圆形的饼茶、方形的砖茶，还有馒头形的团茶。盈盈一握的团茶，其制作技艺早已入选云南省非物质文化遗产保护名录，代表性传承人是阮仕林先生。

品味昔归古树茶，思绪仿佛又回到了澜沧江畔的那个小村庄。低头俯瞰江水静静流淌，抬头仰望天空看云卷云舒，有昔归茶相伴的日子：日日是好日！

冰岛寻茶记

2010 年 6 月，一位弃大学教职转而事茶的友人到访行知茶文化讲习所，知道我在从事茶行业的教育培训，特意携带了一小小的铝箔自封袋装的茶叶，说是给我做教学样品用。虽然已经历了 2002 年、2007 年普洱茶在河南的两次大起大落，自己也深受普洱熟茶的恩惠，养好了胃，却依然对普洱生茶知之甚少；已经遍访了各大茶类代表性名茶的产区，却还未曾起过赴云南访茶的念头。这一小袋茶，也被我随手放在书架上，一搁半年，未曾多瞧过它一眼。直到有一天，读书之余，无意中再度瞥见了这袋茶，便顺势拿到手拆开泡来喝。轻啜一口茶，清凉、甘洌、柔美的茶汤如丝般滑入喉底，顿时怔在那里，多年来遍访中国名茶的经历练就的敏锐直觉告诉我，这是一款绝不亚于任何一种名优绿茶的绝妙好茶。着急忙慌地抓起电话打了过去，听筒里传来提示音："您拨打的电话不在服务区，请稍后再拨！"一连多次拨打都是同样的结果，这让我的心情发生了奇妙的变化，各种猜测都难以说服自己，原本午后惬意的读书品茗时光，从未变得这般难熬和漫长。直到将近傍晚时分，老友的电话终于回了过来，一如既往慢条斯理、四平八稳的语气。已经顾不上寒暄，我直接追问："你上次送给我的是什么茶？""冰岛啊！我现在就在冰岛收茶！"老友回答。许久以后我才知晓，当时的冰岛通信设施落后，只有在寨子里的一棵大青树下才有信号，于是外来的茶商都是到了中午或傍晚时分，不约而同地往这棵寨子里的风水树下跑，美其名曰"集中办公"。大青树下被公认是整个寨子里上风上水的宝地。我得承认，就是从那一刻起，冰岛茶的种子在我的心田里慢慢发芽，催促着我早一点动身，去往那七彩云南之地探访普洱。老友也一再在电话里邀约："你来吧！我招待你。"

世间不如意事十之八九，愈是渴望愈是不可得。从2011年起，每年春秋两季，都带着学生去往云南访茶，兜兜转转，却一直在滇南的西双版纳江内、江外的六大茶山的地界。每次提起来要去冰岛，版纳做茶的茶友都好意规劝："别去了，冰岛都让河南人包了，你去也买不到。"我叹口气："我就是河南人呀！"闻听此话，大家连忙说："那你应该去，都是你的老乡。"我喃喃自语："我的老哥哥一直在冰岛等着我哪。"

其间，老友每年春秋两季从云南回来，都不会忘记给我送上自己做的冰岛茶。从聊天中得知，老友是随同郜鸿亮先生一起在冰岛承包的古茶树，还送了我一本他自己编写的小册子《冰岛村制茶记》。喝着冰岛茶，翻看着这本

充满了河南方言俚语的小册子，像是打开了一幅活色生香的民俗画卷，看得人笑出了眼泪，愈发勾起了深深的向往之情。

老友所讲的郜鸿亮先生，在河南茶界早就鼎鼎有名。他是 1984 年安徽农业大学茶学专业科班出身。他承包的冰岛古茶树所出的茶在每年河南国香茶城举办的普洱品鉴周上都是明星产品，摊位总是被喜爱冰岛茶的茶友们早早占据，围得水泄不通。说来有趣，虽然与郜鸿亮先生早就相识，但素来不喜热闹的性情使然，每每路过楼下郜鸿亮先生的茶店和茶趣，隔着玻璃窗瞅见高朋满座，总是想着以后机会有的是，竟是很少驻足。关于郜鸿亮先生和冰岛茶的相关报道，倒是在河南本土日发行量超过 100 万份的强势媒体《大河报》上经常见到。国内茶行普洱茶圈子，更是各种逸闻、传说满天飞。短短几年间，冰岛竟取代了易武，与班章一起称王封后，而在身价上更是力压老班章，大有如同武则天般君临天下的气势。

　　2014年9月下旬，历经了四年春秋两季云南探访普洱之后，我们一行人终于踏上前去冰岛的路。到了双江县勐库镇，老友安排的地接阿龙母子，因为我们开的别克商务车能否上得了冰岛起了争执，最后的结果是阿龙母子合开一辆他们自家的皮卡车带路，我们一行中分出几个人坐皮卡，另外的人则坐上由30年驾龄的老司机刘老师开的车。临行之前，阿龙犹豫了一下，还是果断地带上了救援绳，然后出发去冰岛。出了勐库镇转上山路，石子铺就的路面虽然崎岖不平，却也勉强可以前行。待行至已经改名叫作冰岛湖的南等水库，路况一下子变差起来，有多少次觉得我们的商务车陷入湿滑的坑里难以自拔的时候，都是刘老师凭借丰富的经验和高超的驾驶技术把我们从困境中拯救出来。后来与郜鸿亮先生说起此事，深谙当地风土的先生透露内情，在高山峡谷中拦腰修建的大坝筑起水库，水流冲刷路基，导致路面塌陷，更糟糕的是雨季中的山体滑坡，泥石流阻断交通，归根到底是河流两岸地质条件本就不适合修建水库。行至中途，正在整修道路的挖掘机挡住了去路，下车来询问，意外碰

上了当地的茶企勐库戎氏的戎玉庭。由河南茶商承包冰岛
古茶树，引发了当地厂商的效仿，勐库戎氏坐拥地利之便，
就承包了冰岛小学拥有的茶园。2014 年，勐库戎氏将采
自承包茶园的茶拿来举办了一场拍卖会。在拍卖会上，每
饼 500 克的冰岛茶共 4 片，被一位来自河南开封的茶友
以 24 万元的天价全部收入囊中，一举刷新了普洱新茶的
拍卖纪录。中午饭时间，挖掘机让开去路，已经排出几百
米长的车队一溜烟儿窜过去，顺着弯弯曲曲的盘山公路直
上高山上的冰岛寨。呈现在我们面前的冰岛老寨，短短

数年的时间，已经旧貌换新颜——之前没有一栋楼房，如今全都是漂亮的别墅，已经完全看不到 2011 年之前那个破烂不堪的村寨，一如郜鸿亮先生所说的："精准扶贫。"翻检普洱茶书籍，最早详细介绍冰岛的是云南本土的学者詹英佩老师 2010 年出版的《云南双江》一书。根据郜鸿亮先生朋友圈发的冰岛简介引用的一些书中的数据，一路从西双版纳、普洱到临沧，或多或少受了书中的指引，我们终于来到了冰岛。当地村民的说法也侧面印证了我的猜想。2011 年之前，承继了自明起勐勐土司私家茶园荣耀的冰岛茶，虽然名声在外，却并没有从根本上改变冰岛寨困窘的处境。从 2011 年来自河南的三位茶商承包了古茶树之后，短短五年时间，冰岛寨子已经改换了人间。在这个只有 52 户的少数民

族村寨里漫游，遇到的村民听到我们讲河南话，就会主动用半生不熟的河南方言来打招呼。出身茶学专业，有着多年在茶行摸爬滚打的历练，最早承包冰岛古茶树的郜鸿亮先生深谙茶中三昧。在跋山涉水考察了冰岛行政村下辖的冰岛、南迫、地界、坝歪和糯伍五个寨子之后，他终于将目光聚焦到冰岛寨。2008年，他就深入冰岛寨，起初只是收鲜叶原料，炒制晒青毛茶。无独有偶的是另外一位同样来自河南新密的茶商于翔，也十分中意冰岛茶。从2008年普洱茶跌入谷底，直到2010年慢慢回暖，冰岛寨都是这两个来自河南的茶商收鲜叶做茶，相互竞争的结果自然是原料的价格水涨船高。茶季，一次夜晚相聚，大家喝酒聊天，酒酣人醉之时，郜鸿亮先生夸赞一位小伙子勤劳能干，有人趁机提议干脆认了小伙子做干儿子，机敏且又嘴甜的小伙子当众叫上了干爹。第二天思忖再三，郜鸿亮先生去面见了小伙子的父亲李文华。李文华对此并无异议，于是郜鸿亮先生就有了这么一个名叫李金润的干儿子，外来的汉族河南茶商就这样和当地的拉祜族茶农结下了汉拉一家亲的情谊，在业内传为佳话。

2014年秋天在冰岛寨子的探访，让我们对这个寨子多了一份亲切。据詹英佩书中所说，冰岛的名字来自傣语，寨子的村民称为扁岛或丙岛。有两种译法，一为送青苔的地方，一为用竹篱笆做寨门的地方。詹英佩女士对冰岛的译法颇不满意，认为既不表音又不表意。而我更认同郜鸿亮先生所说："冰岛能火起来，名字好听很重要。"2014年9月份，

正值雨季，眼看对面的东半山有乌云黑压压地翻过山头，当地村民说怕是要下雨，因担心商务车适应不了雨后的路况，我们急忙作别冰岛驱车回勐库镇，而后作别双江。短暂的探访，心下还是十分欢喜，总归是圆了个心愿。

回到河南郑州，就听说追捧冰岛茶的人愈发多了，其价格更是高高在上，甩了老班章好几条街的距离。茶友相聚，言必称冰岛。在河南新密，于姓、高姓两家茶商参与了承包冰岛古茶树，各自吸引了一大批拥趸者，当地茶友言及冰岛辄称："我都不用喝，隔着包装闻一下就知道真假。"令人闻之莞尔。趁着临近的便利，忙里偷闲，趁郜鸿亮先生不忙的时候，上门拜访，共同品鉴冰岛古树茶，无意中获知了许许多多的讯息，这更激发了我再访冰岛的兴致。

2015年4月份，辗转再次来到勐库。吸取了头一次的经验教训，所乘的车辆全部换作了越野车。前方却传来令人不安的消息，前往冰岛的路又在大修，车子不一定能过得去。抱着试试看的心态，我们驱车前往冰岛。自冰岛湖往冰岛寨子的路上，一路净水洒街，施工车辆停在路边，路上空无一人。一路顺风直奔冰岛寨子后才得知，当地一家叫津乔的企业要带客户上山，利用自己的关系进行了疏导，刚刚好让我们赶上了。冰岛的家家户户都在忙着做茶，干净整洁的专用炒茶锅，房顶上的

日光房，一家比着一家讲究。想起郜鸿亮先生说过的几年前的故事，那时每家每户都是用做饭炒菜的锅来炒茶，一锅多用。为了提高冰岛茶的品质，郜鸿亮先生从自己的干儿子李金润家开始推广斜锅炒茶。李家赚到钱盖上新房，引发了效仿。在寨子里转悠时，一个学生满脸失望："这儿怎么盖得跟郑州的都市村庄一个样呢？"为了安慰她，只好指着茶农

家屋顶房檐的装饰，来教她区别傣族、拉祜族。或许这就是现实，生活在水泥森林般的城市中的人向往古朴原生态的乡村，而以茶为业发家致富的茶农却毫不犹豫地抛却过往拥抱现代化。往昔连电话都打不通的时代一去不返，家家户户都装上了宽带，网络将这里与山外的世界紧密相连。村子中间的停车场周围，有着相对集中的古茶树。当年河南茶商在树上挂牌的做法，在整个普洱茶圈里风传。曾随同郜鸿亮先生一起在冰

岛做茶的老友张濮越说，长住冰岛期间，趁着闲暇时间一棵棵数下去，冰岛寨真正意义上的古茶树也就 2000 多棵。最先下手的郜鸿亮先生承包了散落在停车场周围的 800 多棵古茶树，那都是他最为中意的，其余的被来自河南新密的茶商于翔承包了大半，而同样来自新密的高姓茶商承包了剩下的部分。三位来自河南的茶商，看似有意无意的行为，极大提高了当时在国内普洱茶行后起的河南茶商的声誉。行之所至，目光所及，茶树上遍寻不见当年茶商所挂的号牌，只有双江县政府统一制作的

铭牌，以为古茶树身份验证说明。政府的行为替代了市场经济的引导后，为了给自己连续五年投入的海量古茶树承包资金上个保险，茶商们曾经试图将合约进行公证，未果，只好转而寻求村子里的担保。据说当年承包古茶树的合同盖有村里的公章。留待以后，这都会变成珍贵的历史文献。即便盖上公章，也并非万事大吉。据张濮越所写《冰岛村制茶记》，

还是有村民签了合同按了手印之后，经不起别的茶商抬价的诱惑，转而反悔的事件发生。

沐浴着和煦的春风，顺道拐进了一家初制所，碰上的是两个操河南口音的小伙子，受雇为一个河南老板工作。遇上老乡，拿出一泡茶来招待，有人询价，回复说："8000 元一公斤，小树茶。古树茶 20000 元一公斤，比去年便宜了 2000 元。"闻听此言，没来由地跑神了。想起前几日在小户寨，见到古茶树上挂的牌子都是冰岛古树茶基地，足见冰岛茶声名之大。勐库十八寨现在都已经改名叫作冰岛十八寨了。沾了冰岛茶的光，十八寨的茶价也都水涨船高了。喝着茶，听闻院外的广场上人

声鼎沸，走出去一瞧，原来是津乔租用的大巴车拉了百十人上来。熟悉的乡音，大声地讲着河南话，一眼瞥过来，惊喜地大叫："这不是马老师么？你也在这儿呢！"一双热忱的大手伸了过来，遂紧紧握在一起。

换一户茶农家里喝茶，随手泡、盖碗、品茗杯等一应俱全。茶农笑着说："以前都是拿个搪瓷缸子抓一把泡着喝。"赶上了饭点，邀请我们一起吃饭。饭菜上桌之后，一并摆上了酒，还说这种风气都是河南茶商带来的，以前喝酒都是干喝，边说边笑着比画了一下。忍不住感叹，任是这深山更深处的少数民族寨子，也未能阻挡伴随着经济大潮涌入的现代城市化洪流。

春季访茶结束返回郑州，从郜鸿亮先生处获知：茶，在冰岛还更好卖，也能卖得起价，回到河南还要多费口舌，价格还低。饶是如此，还是要带茶回来，家里有翘首以待的茶友。老友张濮越来访，询问何以未曾在冰岛见到他，回答说是五年的承包期到了，有茶商找上门去将每棵树的年承包费用涨到了 16 万元，茶农还算顾些情谊，谈及续租一事愿将费用降至 10 万元。思量再三，还是放弃了。只是央请茶农每年留下来一公斤茶，无论价格高低，给自己留着，算是有个念想。

与郜鸿亮先生恳谈，先生回顾了这五年的历程，说自己亲眼见证了冰岛寨翻天覆地的变化。他总结冰岛在普洱茶中火爆的缘由：其一是赶上了经济快速发展的顺风车；其二是普洱茶每七年一个小循环，2011年到2014年正是行情好的时候；其三是控制了古茶树的核心资源；其四是初制工艺水平的提升。各种好事儿都赶到一块去了。思忖良久，先生说："冰岛这种情况以后不会再有了。"循着先生的视线远眺窗外，我们的思绪仿佛又回到了彩云之南高山上的冰岛寨子，那满山遍野的小花沁人心脾的香味，让人悠然神往！

邦崴寻茶记

普洱寻茶记

长久以来，每赴云南，隔着千山万水，目光朝向邦崴的方向，那里有一棵屹立千年的过渡型茶树王，吸引无数茶友，无惧路途艰难险阻，前往拜谒寻茶。

有时太过渴望，反未可及。2014年秋天，正是谷花茶飘香的季节，驱车奔赴邦崴。听从了《新普洱茶典》的著者杨中跃老师的建议，我们夜宿上允。夜半时分，从天而降的倾盆大雨让人从睡梦中惊醒，想想那从未涉足过的崎岖山路，忧心忡忡，辗转反侧，难以入眠。天亮后雨势虽减弱，但路途着实让人忧惧。如果不去，驱车千里至此，总有些不甘心，于是壮着胆子开车前往。从214国道转往澜沧县富东乡的山路，路旁立有提示牌："前方施工，禁止通行。"或许是雨天的缘故，无人施工。看看有乡村小巴摇摇晃晃往前走，于是跟随前行。走出没有几公里，道路上出现连续的水洼，连乡村小巴也开始调头往回走。驱乘别克GL8商务车的我们登时幻想破灭，只得遗憾地与邦崴擦肩而过。

2015年春天，再赴邦崴，车辆换成了越野车。正值旱季，天气大好，新修的乡村公路闪烁着迷人的光泽。心情也大好，开起车来一路狂奔。完全不去理会导航的声声呼唤，那分明是要将我们带上崎岖的土路。凭直觉，判断的方向不会有误，只管往前跑。后车的沈阳姑娘知佳打电话过来确认行进路线，只是对她说："跟着走！"听筒里传来她的笑声："马老师这是要跟着感觉走！"在神奇的第六感指引下，30多公里之后，路旁出现了邦崴的路牌。心情更是愉悦，总算是要得偿夙愿了!

在村子里找了一家初制所喝茶,年轻的小伙子得知我们第一次到访,热情地带领我们去看邦崴过渡型古茶树王。一路穿过村子,眼前豁然开朗,一棵葳蕤茂盛的大茶树出现在眼前。生长在巍峨的高山上,俯瞰远方,颇有君临天下的气势。一圈儿竹木栅栏拱卫着茶树王。找来管理人员打开门,终于能够近距离与茶树王亲密接触。站在壮硕粗大的古茶树王边上,登时感觉到自己苗条起来。一行人站在栅栏外愉快地留下合影!

今年再赴邦崴，从临沧市双江县出发，沿着214国道轻车熟路直奔普洱市澜沧县，车行70公里至文东乡，转向上了从文东乡至富东乡邦崴村的乡道。车子沿着盘山公路直奔山巅的邦崴村，3个小时之后，顺利抵达。汲取既往的经验教训，如果在这海拔2000米的高山上步行往返看茶，一定会心跳加速，气喘如牛。于是开车直奔过渡型茶树王的所在，就近停车。步行十来分钟后，再次看到了邦崴大茶树。比起往年，茶树王老叶子落了不少，新发的嫩梢不多。铁将军把门，而且有了监控摄像头，再不允许人靠近。据说就连县级以上的干部也需要经过批准才可以进去。令人讶异的是木栅栏里，一根水管在不停地给茶树王浇水。这种大水浸泡的方法，把握不好度的话，可不是什么好事！据相熟的茶农介绍："之前有人承包澜沧古茶的时候，管理得非常好！后来又交还给了政府，长势就每况愈下了。"茶树王原本属于茶农魏云顺所有，1992年的时候作价2600元卖给了政府。最近几年茶价大涨，大概是为了照顾原主人的利益，政府重又把它交给魏云顺管理，每月补助1000元。只是看上去照看得实在是不怎么好。以往，茶树王在长势最旺的时候，明前一季就可以采摘100公斤鲜叶，能够炒制出25公斤干毛茶。2016年春季，仍然采下来了80公斤鲜叶，

也能有 20 公斤干毛茶。看茶树王今年的长势如此让人忧心，衷心希望当地政府能够早日出台政策，停采留养以为子孙留下福荫。

邦崴过渡型茶树王的发现者，《云南普洱茶研究与实践》的著者何仕华先生功莫大焉。经专家论证，茶树王树龄在千年以上。早在 1997 年，这棵古茶树就登上了邮电部发行的邮票，具有世界级的影响力！较之于从古茶树王上所采下的一点茶，让古茶树王生命常青，具有更为深远的意义。

穿行在邦崴村，茶农的房前屋后单棵的古茶树、成片的古茶园随处可见。在距离茶树王不远处，有一片古茶园，走近细看，管理非常之好。锄草、松土、施农家肥，以期提高茶叶的品质。古茶园成排成行地栽种，应该是人工栽培型古茶园。大叶种与中小叶种混生，早生种的新梢已然萌发，中生种的才只吐芽，晚生种的似乎尚未苏醒。

　　与茶农、茶商喝茶聊天，交换对今年头春古树茶市场情况的预期。茶农、茶商各有想法。普遍地，厂商仍然按兵不动，预期二春价格回落到合理区间。往年这个时候正是古树春茶批量采制的高峰期，如今却只见到少量的古树茶零星开采。

　　今年各茶山的气候偏冷，雨水偏少，古茶树的萌发期整体上较往年推迟了不少时日。这意味着春茶的季节缩短，减产已成定局，预计产量将下滑 1/3 以上，但从整体上看品质较往年为优。在大盘经济低迷，终端市场疲弱的行市下，由于自然气候的调节，产量下滑，品质提升，在茶农与茶商之间，再度形成博弈的局面。一线山头中热点村寨头春古树茶将与其他山头古树茶在价格上进一步拉大差距，有可能窄幅上涨。而二、三线山头价格将大致与往年持平，由于产量的下降，事实意味着价格窄幅收跌。最大的变数来自行业

外的资金暗流涌动，这是推高一线名山头中热点村寨古树茶价格的第三方势力。

　　就茶山所见，来自全国各地的茶友，或自发组织，或联袂厂商，形成了声势浩大的云南茶山行。这或许对于旅游业有些裨益，但仍然很难影响到今春毛茶交易大盘的走势。茶友主要在于行走观察，不购买或者只有极少数少量购买，这或许会使一线山头中的热点村寨的零售量有所提升，但对于整体一线山头古树茶的价格几乎不构成影响。光靠茶友们时有时无零星购买，于茶农来讲，无异于杯水车薪，终究不是长久之计。茶山行热络的好处在于能进一步起到宣传普洱茶的作用。

　　小小的一片茶，将许许多多人的命运联系在一起。在自然面前，以茶为生的人们，终究无法摆脱靠天吃饭的宿命。先贤的智慧闪烁着光芒：道法自然！也许这才是千千万万茶人的最佳选择！

　　离开邦崴下行至下允村，转上 214 国道，远方的大山在召唤着爱茶的人们。明天又将会有怎样的收获？只有时间能够给我们最准确的答案。

景迈山寻茶记

普洱寻茶记

在我心中最美的云南古茶山，唯有景迈山，没有之一。

从 2012 年第一次到访景迈山至今年，转眼之间 6 年的时间一晃而过。当年随云南普洱茶专家杨中跃先生同访景迈山，从普洱市出发驱车近 300 公里抵达澜沧县惠民乡，四下询问，各个宾馆都已经客满。同行的三辆车足有十多个人，杨老师与山上的布朗公主山庄联系后，预订了四间客房，只好先上山去再做打算！好茶又好酒的杨老师与山庄的主人把盏言欢，而我们着实已经抗不住浓重的睡意，客房都让给同行的女士们，男士们在客厅的沙发上和衣而眠。即便是蚊虫轮番叮咬，也无法将旅人从甜美的睡梦中唤醒。

清晨在声声清脆的鸟鸣声中醒来，背上相机往布朗公主山庄后的哎冷山上信步走去，主人家的狗狗主动头前带路做向导。沿着石板道往上走，几次三番，狗狗离开主路把我们往茶园中的土路上引。由于担心迷失方向，我们继续沿主路前行。狗狗回头看我们没有跟上来，于是拐回头来跑到我们前面，再欢快地往前跑。后来仔细观察后发现，狗狗显然是对这里的一草一木熟悉无比，试图带我们走的都是捷径。

爬到了山顶的茶魂台，有同行的姑娘要求在此留影，被我毫不犹豫地拒绝了。年轻的女孩子噘起嘴嘟嘟囔囔："马老师真小气！"我笑着问她："你结婚了吗？"她摇摇头。又问："那你有男朋友吗？"回答说："没有。"以我们的理解，茶魂台是布朗族信仰的符号，本质上与汉族的生殖崇拜并无二致。同行的杨晓茜老师在凝望茶魂台的时候，我悄悄

用相机记录下了这一刻，内心默默祝愿已经成家的杨老师得偿所愿，早生贵子。

经过前半段路程的观察，狗狗向导已然向我们证明了自己的可靠，于是放心大胆地跟着它一路前行。穿行在古茶园中，时时可见有些古茶树的下面伫立有竹木图腾。直到数年以后，在景迈山芒景大寨帕哎冷寺中偶遇布朗族学者、《芒景布朗族与茶》一书的著者苏国文先生（央视热播的纪录片《茶，一片树叶的故事》让苏国文先生名闻天下），先生一语揭开了谜底："我们布朗族，每新开一块茶地，种下的第一棵茶树就叫作茶魂树。"自此，茶魂树成了观察茶园开辟时间、判断茶树树龄的一个重要参照！

有意思的是有一年春天，凌巧在哎冷山古茶园里，看到有人在采摘茶魂树上的鲜叶，于是随口询问："您也是布朗族吗？"采茶人笑着说："我们家本来是佤族，在统计人口的时候直接归到布朗族了。"这从侧面反映出景迈山芒景布朗族村委会下辖的各个寨子，并非全部是布朗族，也说明基层统计数据有很大的随意性。抽样调查或许并不能反映全貌，但至少可以部分呈现最为接近真实的面貌。

布朗公主山庄家的狗狗自从 2012 年带着我们在芒景大寨哎冷山绕了一圈之后，以后春、秋季再见到我们，都会摇头摆尾地凑近前来，拿大脑袋往我腿上蹭，以示亲热。也许是它认为我们自己已经认得路，每每跑

出去没多远，就掉头返回了。2016年春天，狗狗只陪我们走了半程，就累得伸长舌头呼呼直喘气。算一算，我们认得它已有五年了，猜测它或许是已步入中年，体力不支。于是拍拍它的大脑袋，继续前进。走出去很远，回头看，它还蹲在那里目送我们远去。

今年春天，夜宿布朗公主山庄，清晨习惯性地去爬山，意外地看到狗狗蹲在门口守候。一看到我们，它又欢实地头前带路了。以为它还会像往年一样，陪我们一段就自己回去，结果意外地是一路相随。每每我们停下来，它就蹲在路边耐心等待。

今年的茶季比起往年晚了十多天，往年这个时候正值高峰期，今年直到这两日才陆续开采。开采期的推迟，意味着茶季的缩短，产量的下降已经是板上钉钉。询问正在忙碌采茶的农人，获知一个人一天下来，手脚麻利的能采下三四十公斤鲜叶，平均下来，每人至少能采到二十公

斤以上的鲜叶。面对相机镜头，年轻的采茶人热情召唤，甚至主动配合摆出各种造型。稍微上点年纪的，还是不免有些腼腆，总想要躲开镜头。采茶的人，或者独自一人，或者夫妻结伴，或者举家而出。多数时候，茶农并不会将大小树分开采摘，采摘大树茶鲜叶的时候，就身手矫健地攀上树去。从大茶树上下来，也是抬头采采、低头采采，大小树混采是普遍现象。想起2012年在景迈山与杨中跃老师聊天，杨老师说道："想要好茶，得坐地收购鲜叶，低头采的最便宜，抬头采的贵一点，爬上树采的价格最高。"经年之后，依然如此。市场经济从未停过用它无形的手发挥作用，即便是在这古老的茶山上，也是如此！

满山遍野的鸟鸣婉转，采茶人有的愉快地唱起山歌，也有的用手机播放流行歌曲，传统与时尚、民族与流行，在这古老的茶山上，一切都在悄无声息地发生变化。

如请人采茶，每公斤鲜叶要付十多元钱的采工费。一天下来，虽然辛苦，采茶人也有几百块钱好赚。今年头春生态茶的鲜叶，收购价在30多元一公斤，大树茶鲜叶的收购价在每公斤100元以上。四公斤左右的鲜叶能够炒制出一公斤左右的干毛茶，直接成本一目了然。随意向采茶的农人打探今春毛茶的价格："大小树混采的毛茶600多元一公斤，大树毛茶的价格在800元以上。"作为一线的名山头，这样的价格与往年并无太大差异。产量的下滑，事实上意味着头春茶价格窄幅回落。经济形势的疲弱，对毛茶大盘交易的影响显而易见。比起往年茶农对于市场经济的动向有了更为敏锐的感知能力。毕竟对于一家一户的茶农来讲，大树茶园、小树茶园总有几十亩，依靠零星购买是无法消化掉的，更期待有实力的茶厂、茶商携手合作，共度时艰。但愿有这样远见卓识的人多一些，这对普洱茶市场的发展，将大有裨益！

走到哎冷山茶魂台的时候，布朗公主山庄家的狗狗仍然没有要回头的意思，大概还是想如同六年前那样，带着我们围着哎冷山绕上一圈吧！心领了它的好意，召唤它往回返，狗狗从茶园里斜插到我们前面，一路相伴走下山来！

想起去年的此时，景迈山芒景大寨布朗公主茶厂，整个晚上灯火通明，忙着制茶。今年显得清闲了许多。女主人白莲也不由感叹："去年一个晚上要加工五六千斤鲜叶，今年就只有两千斤鲜叶！"自然总是不以人的意志为转移，而是有着它自身的规律。

入夜的景迈山芒景大寨，远远望去万家灯火，抬头仰望天空，繁星点点！啜一口景迈山芒景古树茶，入口微苦，迅疾化开，满口回甘生津；嗅闻杯盖，幽幽的花蜜香味，沁人心脾，让人不由感叹："一生中，能有多少个这样的夜晚，伴着这明月清风，但闻茶香，不谈悲喜！"

巴达山寻茶记

寻茶云南，有过满怀期待后徒留无尽惆怅，也有过不抱希望之后收获意外之喜。喜悦也好，失落也罢，最终都会在内心烙下印记，那是醒时或者梦里都不曾忘却的记忆。

　　巴达，山名源于傣语，意思是"仙人留下足迹的地方"。许多年前，就曾满怀向往，期待着有朝一日能够赴巴达寻茶，却有意无意间一次次地错过，甚至于留下了永远无法弥补的遗憾。

　　2012 年的春天，云南访茶的行程已近尾声，或许是因连日的奔波太过劳累，当我提出来把最后的时间留待赴巴达访茶的时候，竟无人响应，于是只好作罢。回到郑州后，念念不忘地盘算着来年赴巴达访茶。孰料想，9 月份，远方传来悲伤的讯息，在经历了千百年的风风雨雨后，巴达茶树王追寻仙人的足迹远远地去了。

　　前往巴达寻访茶树王未果，就此成了内心深处隐隐的伤痛，直到数年以后，待时光慢慢抚平了内心，才再次鼓足勇气，踏上赴巴达访茶的行程。

　　巴达茶山，位居江外六大茶山之一，旧日因地属勐海县巴达乡而得名，随着行政区划的调整，如今隶属于勐海县西定乡。

　　2015 年傣历新年泼水节刚过，大清早，从勐海县城出发驱车赶奔巴达曼迈兑，这是历年以来的首度造访，不熟悉路况，只能依赖导航。车行 70 多公里以后，似乎连导航也迷路了，几次三番将我们带到一个只容行人步行的小路口，指示我们继续前行。无路可走，我们只好停下来找人问路。久在茶山行走的刘克亚老师拦住了一个骑摩托车的人，塞过去一包香烟，对方高高兴兴地骑车在前方带路，把我们带到了通往曼迈兑的岔路口。沿着蜿蜒曲折的土路，继续行进了十多公里，终于抵达

巴达曼迈兑。意料不到的情况再次发生，这个布朗族的村寨，转了几圈
都找不到一个可以听懂我们讲话的人。一筹莫展之际，遇上了一位七十
多岁的阿姨，说着带有浓重地方口音的汉语，连比画带猜，总算是勉强
可以沟通了。经过攀谈得知，阿姨是勐海茶厂的退休职工，来寨子里帮
侄子做茶。寨子里听不懂我们讲话的人，大都是看到这几年茶叶行情见
好，从泰国回来的，仅曼迈兑寨子里就有八十多人。热心的阿姨帮我们
找来村主任家的侄女婿，带我们爬上寨子背靠着的大山去寻找古茶园。
优美而又保存完好的古茶园，令人心情为之一振，可惜的是看上去古茶
树的数量并不是很多。看到我们手里拿着尺子，又是测量树围，又是测
量茶树定型叶，这个汉语名字叫李小刚的小伙子十分好奇，大概误以为
我们是搞调研的茶叶科技工作者。

已经过了傣历的泼水节，春茶进入了尾声，在李小刚家里连着试了好几款，都没有令人满意的茶。李小刚告诉我们，泼水节之前，他拉了两吨顿茶到勐海县城卖掉了。眼见如此，我们只好起身到其他家里碰碰运气。寨子里一栋新建的全木结构布朗族传统风格的房子引起了我们的好奇，于是走了进去。男主人不在家，只有女主人带着两个

半大的男孩子在挑茶。看到我们这么一大帮人，身形瘦小的女主人眼睛里带着犹疑，说起话来有些怯生生的。于是好言安慰她不用怕，我们是来买茶的。女主人闻听此言，脱了鞋带我们上楼。我用眼光制止了同行的人中有人试图穿着鞋就上楼的举动，脱了鞋跟着走上楼去。身形瘦小的女主人从专门储存茶叶的房间里拖出一大袋子茶，用磕磕巴巴的汉语告诉我们这是今春最好的茶了。边烧水试茶，边四下打量，整个房间打理得井井有条，木地板光可鉴人。开水冲瀹之下，茶汤入口滋味苦重，苦中带涩，但迅疾回甘生津，香气呈现优雅的花香，心下暗自赞叹，果然好茶。询价之后，并没有还价，买下了十公斤毛茶。女主人讲："这个价格，比起去年，是报低了的。"我笑着回答她："我知道的，所以没有给你还价呀！"临走之前，留下了自己的名片，并特意询问记下了男主人的电话。回到车上，有人忍不住好奇询问："为什么这次不还价？"我回答："只有女主人带着两个孩子在家，本身

价格报得就不高，再杀价就不合情理了，也不利于以后再打交道。"

2016 年 3 月下旬，正值头拨春茶开采时节，再度来到了巴达茶山曼迈兑寨子。去年到过的茶农家，这次男主人在。女主人见到我们再次到来，脸上带着腼腆的笑容同我们打招呼，转过头低声细语与男主人说了几句话。男主人高高兴兴地同我们一起聊天喝茶。当男主人得知我们想去看古茶园的时候，毫不犹豫地站起身来，先是嘱咐女主人给大家准备午饭，然后就带着我们出门了。

这次上山的路更加崎岖陡峭，已经临近正午，火辣辣的阳光照射下，日常缺乏运动的一行人累得呼呼直喘，但头前带路的男主人则浑似闲庭信步。将近一个小时之后，手脚并用的我们才爬上了山顶。浑身湿透的我们看到隐藏在这山巅密林深处的古茶园，顿时精神为之一振。行走在古茶园里四下探看，果然如普洱茶专家杨中跃先生所说的那样，

在 20 世纪 80 年代茶园改造时期，曼迈兑的古茶树大都经过砍伐。似山顶这片地处偏僻的古茶园，侥幸逃脱了一劫，保存最完整，且极为罕见。下山的路程，比起上山没那么消耗体力，只是稍不留神，脚踩在落叶上直打滑，动不动就会摔上一跤，一屁股蹲坐在厚厚的积叶上，大家一个个乐得哈哈大笑。

行走茶山的过程中发现，不同的寨子对茶树的划分与称谓各有各的习惯。曼迈兑寨子就有自己的分法与叫法：没有砍伐过的古茶树称作大树，砍伐过的古茶树反而称作古树，新栽的茶树都称作小树，价格也是由高至低。于寻茶人来讲，自然应该入乡随俗了。

2017 年 3 月下旬，第三次来到曼迈兑寨子，从乡道连通寨子的土路已经改造成了水泥路，比起往年路况好了许多。山路走得越多，我们反而越是小心谨慎，大排量的越野车和老司机才是出行的安全保障。

今年春季的天气似乎较往年大为异常，往年的这个时候，正是头拨春茶发得正旺的时候，今年却迟迟不见大量萌发，只有早芽种的茶树发了一点点。或许气温较往年偏低只是一个诱因，连年来伴着名山古树茶市场的热络，古茶树被过度采摘才是根本的缘由所在。只是如时令草般的茶叶，品质与节气密不可分，迟迟不发的古茶树，不仅让入山寻茶的人空手而归，也会让一年之计在于春的茶农在收入上受损。只是在自然的面前，这一切似乎都变得微不足道。

离开曼迈兑寨子的时候，忍不住回头望去，车子沿着三拐两绕的山路行不多远，寨子连同寨门都隐藏在山霭中，只有曼迈兑古树茶的香味仍在唇齿间萦绕。

普洱寻茶记

64

　　同属巴达茶山的寨子，与曼迈兑并肩齐名的还有章朗。
先前到访巴达茶山，最早去的地方就是章朗寨子，直到后
来到访曼迈兑后发现，两个寨子位于同一条线路上，章朗
恰好处在往返路程的中途。近年来，每每入巴达茶山访茶，
都是顺道一同探访。

　　章朗寨子是布朗族的发源地。寨子入口处，立着一块
大石头，上面镌刻着"布朗族生态博物馆"。沿着雨林下
的幽径，一直通往茶园深处，茶园与热带雨林完美地融合，
茶在林中，人在茶中。在云南所有的古茶产区中，生态环
境无有出其右者。林下的茶园满天星样分布在雨林各处，
仔细观察，仍然可以看出人工栽种留下的痕迹。树干粗壮
的古茶树，东一棵西一棵，想必采起来颇费人工。

以往到访章朗，都是从寨子的入口顺着山坡爬上去探看古茶园，2014年、2015年都是如此。2016年春天，寨子里相熟的茶农开着皮卡车带路，绕到山顶的乡间公路上，从一个毫不起眼的土路口走进去，没有多远就是连片的古茶园，比起从山下往山上爬，自然是轻省了不少。望着古茶园里蜿蜒曲折的小径，猜想这条小路应该可以连通到寨子门口。于是暗暗下定决心，来年一定要亲身走上一趟，来设身处地地验证这宣称有数千亩之大的古茶园，究竟有多么广大。

　　2017年春天，从曼迈兑折返章朗，几经努力寻找辨认，终于找到了往年从山顶通向古茶园的路口。交待两位司机将车直接开到寨子里相熟的茶农家里喝茶等待，然后带领着一行人沿着密林间的幽径深入古茶园的更深处。

　　从未走过的道路，未知的前方还是让人稍稍有点担心，好在一路走来，隔不多远就有三三两两的茶农在园中采茶，有人自然就不怕了。沿途一路走一路打探下山的路径，印证了早前的猜测，果然是可以通到寨子入口的。这更加让人放心了。留心观察，章朗的古茶园似乎一望无际，茶树与雨林浑然天成。树干高大壮硕的乔木型古茶树随处可见，间或看到一些树干中空的古茶树，抽样测量围径在40～60厘米。忍不住用手轻轻抚触苍老的虬枝，在无情的岁月面前，任是这树木也终究会败下来，不由让人心生感叹！

　　从古茶园中穿行而过，两个多小时以后，再次回到了寨子的入口处。恍惚间有一种穿越时空的感觉，往日的情形历历在目。

　　2014年清明刚过，第一次来到章朗，信步走进寨子里那座古老的南传佛教寺院——金碧辉煌的泰国格调的建筑，院中的花开得正烂漫。

台阶上，一个竹匾里晒着一饼茶，上书"章朗村古茶"，茶饼的旁边散落着不知名的花朵。一眼瞥见几个小和尚的身影，受惊小鹿般身手敏捷地躲进走廊尽头的房间，于是自觉从寺院中退了出来。

几年前居高临下俯瞰章朗寨子，传统的杆栏式结构建筑的古民居依然保存完好，整个寨子看上去古朴宁静。只短短数年时间，传统的布朗族民居多有被拆除后就地重建的。新旧建筑间，再不复旧日的古朴风貌。村民赚到钱后改善居住条件的初衷情有可原，倘若早前另辟别处建新居，将这老寨子完整地保留下来该有多好，想想真是殊为可惜。2014 年至2017 年，短短几年间亲身经历，这个寨子已是旧貌换新颜，换了人间。

章朗寨子里还有一座布朗族博物馆，大门紧锁。旁边一家茶叶初制所的老板见到我们后，主动找来村干部打开门，带我们进去参观。博物馆里陈设的都是布朗族过去的一些衣食住行的用具。一组展示布朗族传统生活的照片引起了我的注意，袒胸露乳的布朗族妇女正在沐浴，满脸自然阳光的笑容，再次印证了这个民族古老的生殖崇拜习俗。

从博物馆里出来，门口左右分列着一对木头雕像，同行的杨晓茜老师成天念叨着自己喜欢女孩儿，愉快地搂着女性形象的木雕留下了影像。回到郑州后不久，她就惊喜地发现自己有孕在身，日后生下了宝贝女儿小鹿。回想起来，这一切仿佛都是冥冥中自有天意，这都是后话了。

2015年泼水节后，又一次来到章朗寨子，坐在博物馆旁边的那家茶叶初制所里喝茶。主人是三兄弟，老三拿出泼水节之前做的古树苦茶请我们品尝。当地的山泉水煮沸之后，直接冲瀹盖碗里的毛茶，嗅闻杯盖，香气芬芳典雅。茶汤进入口腔几分钟之后，开始感觉到浓重的苦感，不过数分钟，苦感消退，满口甘甜。比起2014年春天首次到访章朗喝到的大树苦茶，品质提升了不少。同行中有人迫不及待地向老三询价，老三所报价格比起去年下降了三成。久在城市中生活的人，在和茶农杀价的过程中，习惯性地采用了城市里惯用的方法，企图货比三家来压价，有人直言在寨子里去年就认识有别的茶农，并且随口曝出了名字。闻听此言，老大的脸色微微变了一下，随即三兄弟聚在一起用低低的声音商量了一阵，之后老三满脸无可奈何地走过来告诉我们说："大哥决定不卖了。"反复交涉亦属无用，只得作罢。由此不难看出，同一个寨子的茶农，宁肯损失一个客户，也不肯得罪自己的乡邻。

2016 年春天，赶在 3 月底前头拨古树茶上市的时节，再次赴章朗寻找心仪的古树茶。坐在相熟的茶农家里，古树茶、大树茶、小树茶，一款款试过之后，心下已经乐开了花，却又不能表露在脸上。赶上了气候适宜，茶树发得正旺，一天到晚手脚都没有闲下来的茶农们又是喜悦又是担心。喜悦的是头拨茶丰收在望，担心的是价格不稳。经济大环境不好，终端市场行情的冷清传递到了源头。比

之往年，价格轻度回落，看到携重金前来的客户，自然是不敢稍有怠慢。

2017年春天，正值茶季，来自于大气候的不利因素接踵而至。前期气候干旱，气温偏低，茶树迟迟不见萌发；后期伴随气温升高，茶树新梢渐次开始生长的时候，偏又遇上了连绵而至的雨水。一方面茶叶终端市场冷冷清清，行情持续下行；另一方面，茶行业以外的众多人士携巨资进入茶行业。在气候异常导致的茶叶大幅减产之际，游资迎面相撞，价格本该温和回调的名山古树茶异常地持续上涨。

坐在章朗寨子里相熟的茶农家里喝茶，说起有人带了一千万的资金到勐海，四下找人想要上山收茶，碰了一鼻子灰后无果而终。坐在对面的茶农叹了一口气："有钱的人就是很多嘛！可是茶树不发又能有什么办法？"

随着自然气候的变化，以及市场的冷热变换，以茶为业、依茶为生的人们的心情也随之起起落落。一年一度，在春茶的季节，来又复去的人们，他们又有多少喜怒哀乐，似这茶般历经煎熬，只留下清香如故。

勐宋寻茶记

年年来云南访茶的日子，每天叫醒我们的除了闹钟，还有梦想中心心念念的茶山。那里有我们朝思暮想的古树茶，召唤远方的爱茶人前来相聚。

　　勐海的清晨，透过窗户向外张望，晨雾笼罩下的街道在昏黄路灯的照耀下，尚空无一人。早早地起床盥洗，用过早餐，打点好行囊，驱车前往今天的目的地勐宋访茶。那里有益木堂堂主王子富用云南话常常念叨的"腊卡"，更多的人，习惯读作"那卡"。

　　往年入云南访茶，若说难事，非道路难行莫属。正如连续 4 年到访云南的沈阳姑娘张知佳所言："每次回去的时候都说下次坚决不来了，到了茶季，不长记性又来了！"

　　2013 年春季，几经周折决意上勐海县勐宋乡寻茶，向众多师友咨询，当他们看到我们开的居然是别克商务车 GL8，一个个头摇得像拨浪鼓一样。最后试着征求两位在西双版纳做了多年茶生意的友人的意见，得到的答复是："保塘可以，那卡不行。"或许是由于连日奔波过于疲惫，两辆车上的人都没有想起来给车加油，原以为勐宋乡会有加油站，到勐宋乡搜寻问询的结果让众人彻底傻眼，无奈之下只好返回勐海加油。自此养成了习惯，凡往勐宋乡都会下意识地看一下油表。每次带领车队出行，入山访茶，满满的油箱才是信心所在。

往年去勐宋乡的县乡公路坑洼不平，想起 2013 年，别克商务车老牛喘气般勉力往上攀爬，整车人无不提心吊胆，担心这车万一搁到半路上，后果不堪设想。2014 年和 2015 年，虽然换作了租来的两驱越野车，

仍然颠簸得车上的人跟开锅的饺子一样上下左右乱撞。2016 年春天伊始，去往勐宋乡的柏油路整修一新，才不复有往日坎坷颠簸之苦。

从勐宋乡通往各个寨子的乡村道路，早年都是石路面或者土路，商务车拼尽全力也只能到达保塘，去往那卡几乎成了一种奢望。2015 年春天，得益于保塘寨一对年轻茶农夫妇的带领，避开正在施工的道路，绕道前往那卡。回程的时候，大家都不想再走回头路，结果绕到景洪市纳板河国家级自然保护区才下到国道上，一天的时间大半耗在了路上。用来自浙江宁波的王芳的话说："整个人都不好了。"

2016 年春天再赴勐宋，从乡里前往大曼吕村那卡寨的水泥路面已经修到了距离寨子只有 3 公里的地方，较之以前简直就是换了人间。2016 年

秋季，偕同益木堂堂主王子富共赴那卡，强悍的吉普牧马人嘶吼着在高山之巅辗转迂回飞奔。窗外，右手边的云雾似乎触手可及，车左侧的白云却在远处的山谷间浮动。距离那卡数公里处，车队被山间云海所吸引停了下来，益木堂的黄杨林、顾宸懿干脆跳到了牧马人的车顶上，在云海的映衬下，化身为一道风景。

2017 年春天，驱车上勐宋，由于头天刚下过一场大雨，雾气随着海拔的升高越来越浓。半路上，设卡检查的森林公安将我们拦下，逐一登记之后才放行。到了蚌岗附近，能见度下降到了只有几米远，越野车只好像蜗牛一样慢慢往前爬。转过弯，那卡的标志出现在道路边上。通往寨子里的最后三公里土路新近改成了水泥路面。更为神奇的是，四周云雾缭绕，只有在山寰里的那卡寨子阳光普照，家家户户晒茶忙。这情

形一扫心中的阴霾，心情也同天气一样明媚起来。

若说江外古茶山，相见恨晚的非勐宋莫属，尤以那卡最令人朝思暮想。这是个只有 40 多户人家的拉祜族山寨。历年访茶，对勐宋保塘寨、那卡寨拉祜族的印象是，他们似乎有意与外界保持距离。在保塘拉祜族寨子古茶园里，两个正在玩耍的拉祜族小孩看到照相机，猴子般身手敏捷地就近攀上一棵树，藏身在浓密的树荫里，用手微微分开树枝向

下悄悄探看。在拉祜族那卡寨古茶园里，一位拉祜族少女站在一棵碗口粗的茶树上采茶，瞧见有人拍照，羞涩地笑了笑，从近两米高的古茶树上凌空纵身跃下，转身到更远处继续采茶去了。直到今年，在茶园里遇到采茶人，男性面对外人仍是不言不语，凡是女性，见有生人靠近，辄往茶园更深处去了。只有一位年长的阿婆，坐在大茶树荫里休憩，两个竹筐，一个筐里盛装鲜叶，另一个筐里坐着一个宝宝，正睁大眼睛看着

我们，脸上忽然绽放出天真的笑容。或许在不远的将来，道路的便利，外来人的不断到来，会使他们慢慢习惯与外人打交道吧！

犹记得2015年春天，那卡寨一位拉祜族茶农向我们形容他家的古树茶来自一棵核桃树那么大、两个人都抱不住的大茶树。我们问他树在哪里，他一本正经地说："我带着你，从天亮走到天黑，都走不到。"所有人被逗得哈哈大笑，他自己

也嘿嘿地笑起来。像这样擅长与外人交流的拉祜族茶农，在那卡寨子是极为少见的。

步行前往那卡寨子背靠青山的古茶园里探看。资料上显示，那卡有比较多的中小叶种，可据我们实地在茶园里的抽样调查，真正占优势的

仍然是大叶种、特大叶种。边走边看，尽量拣选大树抽样测量，树干粗壮的围径大都在 60 厘米左右，也有围径在 80 厘米以上的。

出身拉祜族的曾云荣先生是一位杰出的民族文化学者，在勐海茶办工作了三十余年。先生参与制定的《西双版纳州古茶树保护条例》规定：清朝末年（1900 年以前）的茶树称为古茶树，清末民初直到新中国成立前（1900 ~ 1949 年）栽种的称为大茶树，1949 年新中国成立以后栽种的茶树称为小树。古树、大树、小树，已经成了高、中、低档茶的代名词。

令人纳罕的是那卡的小气候，旱季竟然也向来多雨，好茶得来殊为不易。曾云荣先生为我们揭开了谜底："这是由于勐海的冷空气与景洪的热气流交会造成的。"

2016 年春天，在那卡相熟的茶农家里喝茶，院里的毛茶正在晾晒，天空忽而落下一阵急雨，茶农着急忙慌把正在晾晒的毛茶收到屋檐下；刚收完，太阳又出来了，只能又拿出来。如是者多次，令人颇为无奈。往年访茶的经历告诉我们，能有多大的收获，其实很大程度上靠运气。遇上这样的天气，想要做出好茶，只能是望洋兴叹了！喝了那卡的茶，古树、中树与小树，或许深受这天气影响，找寻不到往年的风韵，有的只是满心的惆怅。

2017 年春天，正在寨子里闲逛，突然听到熟悉的乡音："马老师……"着实让人惊讶。原来是河南的老乡在这里做茶。老乡相逢，分外喜悦，遂相约喝茶。今年古茶树发得晚，才只有一点点。抓了一泡来喝，许是采得太嫩，涩感明显，但回甘很快，且仍然彰显出迷人的花香。

从寨子高处向下俯瞰，短短四年时间，这个拉祜族的古老山寨，正在渐渐失去其昔日的传统面貌。取而代之的，是水泥结构的新式楼房。好处在于，来自古茶园的收益，让他们过上了富足的生活，而且在客商的要求下，逐步提升了晒青毛茶的初制工艺。往年想要一点好喝的那卡，唯有从茶农手里收购鲜叶，自行加工才能达到要求；如今的茶农，也舍得将资金投入建设日光房，尽量摆脱对天气的绝对依赖。

2016 年春天，大气候条件被公认为很好，然而那卡受小气候条件的影响，茶的品质较天气晴好时有很大落差。

2016 年秋天，下午离开那卡时，车过蚌岗，晨起云雾缭绕的美景不再，浓密的雨雾正在翻越高高的山冈，能见度不足 100 米。跑出数公里之后，一下子从云雾中穿越而出，回头望那云遮雾绕下的那卡，让人深刻地体会到了云南茶山"一山分四季，十里不同天"的立体气候的变化。

2017 年春天，从山上下到勐宋乡，一眼望去，公路边上的茶园里有一层薄薄的冰雹，冷热交替，冰雹融化形成雾气。路边的沟壑里也堆积起厚厚一层冰雹。梵音、田丹用双手捧起冰雹，让我给他们拍照。我刚放下相机，他们两人就扔掉手里的冰雹，冰得直跳脚。似这般景象，意味着头春刚刚萌发的新芽会被冻伤，严重的话甚至会宣告头春茶就此结束。一草一木总关情，茶亦是如此。

那卡，好的年景，茶总归是极好的，甚至于我都不喜欢别人称那卡为"小班章"。那卡就是那卡，有属于自己的风韵。

　　我们相信，茶人大抵有茶祖神农的遗风，用自己的舌尖品味古茶。我们笃信，茶人们亦有自己的信仰，年复一年，如虔诚的宗教徒般地转山，只为追寻自己的梦想。

　　当你老了，头发白了，走不动了，还有相伴相守的一盏古树茶，供你回味到云南入山访茶的时光。每一天云上寻茶的日子，都是再也回不去的旧日美好时光。

帕沙寻茶记

帕沙的古树茶，一直是我极为中意的。每每闲坐品饮，都不由丛生想念，回味在那高山上寻茶的美好时光！

　　西双版纳州的古茶山中，帕沙的声名远播却是非常晚近的事情。缘由在于，既往人们习惯于将帕沙归于南糯山的名下。随着古树茶的兴起，与南糯山隔着峡谷相望的帕沙才渐为人知，今时已被视作一座独立的古茶山。

　　今年春天再访帕沙，晨起时向窗外望去，夜雨过后地上湿漉漉的，心情还是稍微有点忐忑，毕竟全程都是山路，出门在外还是要多加小心的！

　　早上八点，从勐海县城出发，沿着通向格朗和乡的公路驱车前往帕沙。车过鸢占巴，开始往山上爬。浓荫蔽日的乡村公路，令人心旷神怡，这在勐海一带通往古茶山的公路中并不多见。车行数公里，到了半山腰，满山的云遮雾绕。只有在天气晴朗的日子，才可以回望俯瞰整个勐海坝子。

　　车到格朗和乡黑龙潭，右转穿越峡谷中浓密的甘蔗林，然后奋力向上攀爬去往帕沙。路是2016年春季才打好的水泥路，非常狭窄，仅能容一辆车堪堪通过。2016年春天，路两边基础尚未完工，一旦车轮陷入路边的沟里，就很难脱身。好在淳朴的帕沙茶农瞧见外来的人，皮卡车、拖拉机也好，摩托车也好，全都主动礼让。饶是如此，上山的路仍是相当惊险。下山的时候，才注意到为了防滑，水泥路面打有防滑槽，亦属仁人用心。

2016 年秋季之后，上帕沙的水泥路两边已经用沙土铺平，再不必为车辆交会烦恼了。想起早两年，于帕沙的路况完全不知，开着别克商务车 GL8 上帕沙，几乎是一步步挪上山去的。此后全部改成越野车再上帕沙，一路上畅行无阻。

　　连续 5 年的帕沙寻茶，走遍了山上的各个寨子。从山上往下俯瞰，坐落在半山腰至山顶的帕沙各个寨子，新老建筑错落有致，传统的杆栏式建筑占了大多数。细数缘由，名声的晚起，道路状况的艰难，使得多数帕沙茶农在前几年的名山古树茶热潮中并未能抓住机遇，受益远不若其他的古茶山那么大。

　　回想首次到访帕沙，是在 2013 年，那是名山古树普洱茶行情最为热络的年份之一。当时碰巧赶上了寨子里正在举办的帕沙茶文化节。能参加一个寨子举办的茶文化节，也是让人极有兴味的趣事。文化搭台经济唱戏，在这里已经深入人心。

　　2014 年的帕沙伴随着整个名山古树茶的大热走向极致，以至于这个爱尼人的少数民族山寨患上了塞车的大城市病。在新茶上市之际，一再接到帕沙茶农的电话，邀请参加寨子里再度举办的帕沙茶文化节。行情好的那两年，行走在寨子里，感觉空气中都洋溢着浓浓的喜悦氛围。

　　2015 年帕沙古树茶的行情伴随着整个经济大环境的变化出现下滑。由于缺乏对终端市场变化的敏感度，惯性使然，整个寨子各家各户延续上年的做法，投入大批量资金炒制毛茶，孰料遭到市场的冷遇，大量积压在茶农手中，以致引起了央视的关注和报道。到访帕沙，寨子里茶文化节停办，整个山寨显得格外空旷荒凉。

　　2016 年早春时节，早早地来到帕沙，先往古茶树最为集中的中寨

探看，茶园里栽种的小茶树新梢发得正旺，有些古茶树水热资源跟得上，亦有少量的萌发。细细察看，群体种的古茶树亦有早芽种、中芽种与迟芽种的分别。早芽种已然到了可采的地步，中生种的幼嫩芽叶正自奋力萌发，迟芽种的犹自看不到新芽。这也是一种道法自然的自我调节，拖长采茶期，自然分阶段采制，契合人力需求。

　　在寨子里四下探看，无意中从相机镜头中发现，凡有老房子所在，辄有古树环绕，且大都是早生种。这并不是个案，而是普遍现象。私下猜想，这或许是古老的茶山先民的智慧，近在眼前的古茶树，方便就近观察，成了离家较远的茶地的消息树，召唤主人前去采茶。若此猜想属实，那么正说明古老的茶山民族的智慧令人叹服！

2016 年秋天，与益木堂堂主王子富一行来到帕沙新寨，在茶农小毛的带领下前往山巅的犀牛塘古茶园。水泥路只修到了寨子边上，好在四驱的越野车显现出动力澎湃的优势，在坎坷泥泞、沟壑纵横的山间道路上勇往直前。行至越野车所能到达的路尽头，准备将车辆靠边停放时，王子富堂主交待：让出小型手扶拖拉机可以通行的道路。以我们所见，手扶拖拉机、摩托车仍是帕沙的主要交通工具。沿着森林间的小道步行前往犀牛塘，古茶园就分布在道路两旁，与森林浑然一体，让人能够体味到深山密林中的幽寂之美。偶遇对面来的摩托车，男主人驮着女主人，女主人身上背着一个鼓鼓囊囊的大布袋。询问之后获知，袋子里满满当当装的都是多依果。带路的茶农讲他家里正在晒的多依果干很多，回去送点给我们。地处犀牛

塘的古茶树，新梢兀自萌发，却少有人采摘。从茶农口中得知，这一片古茶园，单单他家就有三十亩。不过今年秋天并没有采摘鲜叶制作谷花茶。私下猜想，或许是达不到早两年市况火热时的市价，索性就不做了吧！于古茶树来讲，这也是一个休养生息的良机。眼前的古茶园，在雨季过后正在恢复生机。难得来一次，王子富堂主提议大家采些鲜叶，回去炒一锅茶尝尝。茶农二话不说就爬上了树。当相机的镜头试图对准他的时候，他却说："照相还是不要了，做人和做茶一样，还是低调点好。"闻听此言，大家都笑了起来。

2017年春天再赴帕沙，将越野车停放在水泥路的尽头，一路步行到古茶园里探看。夜雨过后，草木青翠。茶园里煞是热闹，到处都有人在采茶。随意闲聊间得知：今年茶树萌发得晚，也不如往年萌发得茂盛，一个人一天采下来，只能有十多公斤的鲜叶。迎面碰上了茶农小毛，说是送了七个采茶工上来采茶。不管怎么说，收获的季节总是让人喜悦的。

2016年秋天，回到帕沙新寨茶农家里，已经是中午时分。地处热带北缘的西双版纳虽然并无明显的四季之分，但在一天之中，还是可以感受到春、夏、秋三季般的变化。正午酷烈的阳光下，犹似盛夏时节，而早晚却能让人感受到如春秋时节般的寒凉犹在。算起来，此时的茶已然可以算作是冬片了。

2017年春天到帕沙，正值头春时节，碰上5年来难得一遇的云雾缭绕的天气，四下行走，山风徐来，微带凉意，较之烈日高悬的天气，身体更觉舒适。

帕沙的初制工艺向来并不让人觉得中意，烟气、爆点等各种工艺缺陷，让人颇为心痛这大好的原料。想要好的毛茶，得自行收购鲜叶亲自监工炒制，这并非所有的人都能做到。

午饭过后，生火烧柴开始炒茶。炒茶锅清洗干净，伸手试试锅温，根据经验断定锅温合适的时候，将鲜叶投入锅中杀青。每个炒茶师傅的习惯与经验都不尽相同，这也是同一座茶山的古树茶并不完全一样的缘由所在。杀青完成后，略微闷堆，使杀青叶中的水分重新分布。然后趁热手工揉捻，使叶细胞破碎，茶汁溢于表面。依照今时云南古茶山的通行做法，大都是晚上杀青，第二天拿出来在日光下晒干就可以了。毛茶大都是这样加工出来的。抬头看天，大好的晴天。照这样的天气，完全有机会品尝到自己动手采制的毛茶。现在只需要耐心等待。期待令人满心欢喜。

　　年复一年，雨季与旱季循环往复。难得有这样的日子，且在山中看古茶树花开花落，观山间云卷云舒。啜一口帕沙古树茶，苦尽甘来，山野气韵强烈。让人不由丛生期待，来年的春天，还会有如斯迷人的帕沙古茶等待有缘人的到来。

南糯山寻茶记

普洱寻茶记

想念南糯山时，远在天边。啜一口南糯山古树茶，犹在心田。

云南众多的古茶山，喜欢极了的就有南糯山。那山那人那茶，每每念及，总是满心欢喜。

南糯山，处于西双版纳傣族自治州首府景洪市和勐海县的中间地带，紧临214国道，要知道这可是让其他古茶山极为艳羡的交通便利条件。

从南糯山山脚下到山顶，星罗棋布地散落着的众多村寨，都隶属于南糯山村委会，世代居住于此的是哈尼族的一个分支——爱尼人。一条盘山公路从国道引出，曲曲弯弯将各个寨子连接起来。驱车上下山，完完全全是在绿荫道中穿行。美则美矣，却暗藏凶险。在2016年之前，每每上下南糯山，总是提心吊胆，缘由在于逼仄的山路，还有喇叭都不按一下迎面从山上冲下来的摩托车。那都是些狂野而彪悍的骑手，如南糯山上的古茶般性情桀骜不驯。2015 年上山的途中，饶是小心翼翼，仍然难躲即将迎面撞上来的摩托车，只好狠狠地向右侧拉了一把方向避让。雨水冲刷后的路边形成沟壑，只听见车辆底盘狠狠地刮擦的声音，满车人都面面相觑，听得心惊肉跳。待到停车后检查，好在车辆并无大碍，更幸运的是没有撞上，大家才长出了一口气。在这样的山路上开车，来不得半点大意。当地的一位好友亲述了自己上南糯山遇险的经历：开车的同伴仗着路熟、车好，单手把着方向盘，一路走一路吹嘘自己车开得有多好，话音还没落地，在转弯的地方迎面撞上了下山的车辆，新买没几天的悍马越野车直接拉到修理厂大修去了，幸好车上的人平安无事。

　　南糯山山顶上最高的寨子是拔玛老寨。直到 2013 年春天，才有机会上到这个寨子。正好赶上新寨门落成仪式，我们的车辆被拦了下来，说是要随一份礼才能放行，"一元钱不嫌少，一百元也不嫌多！"同车的年轻小伙子淘气，摸出一元钱递了过去，拦车人接过钱让开了道路，却听见一阵哄笑，大约是觉得太过小气。小伙子摇下车窗伸出头大叫："你们赚钱，可比我们容易多了！"又引来一阵善意的大笑。赶上了好时候，山上的茶农比以往都要来钱快得多，甚至让茶商们都羡慕。过往，南糯山声名最显赫、品质最好的古茶都出自于拔玛寨子。此前，石头老寨的朋友每每推说车辆上不去，路不好走，不肯带我们上拔玛。直到我们自己摸到了拔玛寨子，走上了一遭，才隐约猜测出其中的缘由。沿着通往茶园的道路走下去尚不足一公里，就转到了山的另一面，眼前的古茶园消失了，面前豁然开朗，远眺前方是一望无际的台地茶园。茶山跑了多年，渐渐领悟，茶农已经比以往更加懂得保护自己的利益，慢慢学会保守秘密。说话间，天光云影变幻，太阳被遮挡在云层的上头，却又

南糯山寻茶记

91

犹自不甘地从云层的缝隙中洒下光芒，这种漫射光，正是茶树所喜欢的自然条件。从山峦间吹来的风，带来丝丝凉意，海拔高的好处在于昼夜温差大，有利于鲜叶内芳香物质的积累，这些都是塑造拔玛老寨古茶的优越自然条件。

2012年春天，随杨中跃老师第一次上南糯山，地接的茶农是石头新寨的年轻小伙子门二。赶上了中午吃饭时间，门二召唤自己的媳妇生火烧饭。大家团团围坐闲聊，说起南糯山各个寨子的古茶。门二总结说："以往最有名的都是拔玛，现在则是半坡老寨了。"在我们打过交道的南糯山茶农中，门二是毫无疑问的时尚达人。在石头新寨的入口处买了块地，修了栋传统哈尼族风格的房子，专门用来接待到访的朋友们。所有的茶具一应俱全，就连烧水用的都是铁壶。喝茶的工夫又有一拨人找上门了，门二不得不在新房子和老宅子之间两头跑，忙得一头汗。饶是如此，他仍然决意带我们去半坡老寨看茶王树，这让我们着实喜出望外。

从南糯山半坡老寨出发，步行前往茶王树的路上，一路都在原始森林覆盖下的古茶园中穿行。一路走来，一路细细察看，似南糯山半坡老寨生态环境这般好的古茶园，在其他地方的古茶山上还真是不多见。更加让人惊叹的是古茶园的面积之大——往返足有五公里以上的路程，目

光所及，全部都是连绵不绝的古茶园。用随身携带的尺子抽样测量，以树干围径在60厘米、80厘米和100厘米以上的为多，可以看出这些古茶树都是前人在不同时期栽种下的，而今他们

的后代子孙享受到了先辈的福荫。古茶树并不如人所想，生命之树长青。今年稍加留意，测量树干中空的古茶树，围径小的只有不到 40 厘米，多数在 60 厘米左右。这意味着不久的将来，这些残躯难以支撑时，将复归尘与土！

自从 2012 年春天第一次从半坡老寨步行前往拜谒茶王树，此后 6 年年年参访，竟自成了惯例。回想起来，只有第一次一路走一路上满心欢喜。2013 年第二次再去，开始注意到道路两边的古茶树，发现它们生了严重的病虫害。让人忧心的是这很有可能是外来之人无意间带来的。世代生长在这里的古茶树，很难抵挡外来病菌的侵扰。这让人的内心充满了矛盾，情感上希望有更多人领略这古茶园的无言大美，理智上却告诫自己应该还古茶园以清静。无形中，这一段路程成了观察南糯山古茶

园的标的。有性系群体种的古茶树有着极为丰富的生物多样性。难怪当年茶科所会从中选育出众多抗寒、抗旱的云抗系列无性系良种。

2016 年早春 3 月，在经历了春节期间严重的冰冻害灾异天气后，愈加惦念南糯山古茶树的状况。实地细细考察后松了一口气，受灾严重的是十年以内新补栽的小茶树和已近暮年病虫害严重的老树，正值壮龄的茶树却是无恙。连年下来，仍然可以看到盗伐古茶园中树木的情形未尝断绝，在根部环状剥皮，直接将长至参天的大树伐倒任其朽腐，让人心痛不已。大自然的报复犹自无情，少了树木的荫蔽的古茶树受灾较重，相反者则状况好得多。唯有冀望莫再出现这等贪图眼前一时利益而断了自己未来出路的行径。

2016 年 11 月初，已经是深秋时节，去看茶王树的道路上，落叶满地。或许是来寻茶的人少了的缘故，横跨道路的蜘蛛网时时可见，这也是生态修复的良机。俯瞰整个古茶林，只有为数不多的茶园将野草清除，可见部分茶农对于来年春天仍寄予厚望。

从景洪市通往勐海的国道，在临近南糯山的路边上矗立着一块牌子，上书："南糯山，气候转身的地方。"落款是勐海县气象局。之前每次路过，并不曾太在意，直到亲身遭遇后才明白其中的深长意味。2015 年春天，在前往探访古茶树王的路上，天色阴晴不定，待到茶王树处，天色已然转暗，眼见要下雨，心下顿觉不妙，本能地依据自己在北方生活所获经验作出了错误的决定，着急忙慌地催促大家往回赶。没走出多远，倾盆大雨从天而降，瞬间浑身湿透，唯有硬着头皮往前走。路过一个茶农临时搭建的窝棚，被好心人唤进去躲雨。正在暗自思忖这雨不知道何时才会停歇，有人叫了一声："太阳出来了！"这场来去匆匆的大雨，前后不过半小时，正好被我

们赶上。回到半坡老寨，同行中有人带有伞，顶风冒雨先行赶了回来，全程浇淋得透透的。细询之下才知晓，这旱季的雨来得快走得疾，若是遇上下雨，就近避雨才是良策。看来这南糯山是让我们提前过了一个泼水节。

2015 年秋天，再上南糯山。正在喝茶时，眼见从大勐宋方向黑压压的乌云直扑过来，急忙驱车下山。还未到竹林寨，车辆已经彻底被如注暴雨模糊了去路，只好打开车灯摸索下山，然后直奔勐海县城。下车后真真是惊呆了，仅仅相隔 30 多公里，这里竟是滴雨未下，完全是两重天。回望南糯山的方向，仍沐浴在烟雨中。多年来困扰人们良久的问题，似乎有了一点头绪。雨水过多，或许是南糯山古茶底涩口苦重的因由所在。唯有交付岁月，等待苦尽甘来。

2017 年春天，行至勐海，天气预报有雨，这难免让人有些忧心。

益木堂堂主王子富先生笑着安慰我们："这里的天气预报都不准的，往往这个山头下雨，另一个山头艳阳高照。"早上起来，打开窗户，远处一轮红日初升，又是一个好天气。

或许是来得太早，从半坡老寨通往茶王树的路上，寂寥无人。偶遇采茶人，询问方知，今年的茶树比往年晚发了近半月，这几日才有少量开采。举目所见，小树已经蓬勃萌发。古树茶向阳的新梢生长得好些，背阴的还需时日。返回的路上遇到了两拨茶厂组织的茶山行，统一的队服、帽子，将近百人。巧遇上了同来寻茶的李佳、车琼、田静、刘巧云等一行，故人相见分外高兴，大家愉快地合影留念！

寻根古茶园的所求，终归是为了寻找心仪的古树茶。这并不是一件容易的事。好在生活中于细微处留心总会有惊喜。2012 年春天，在南糯山半坡老寨，寻一高处俯瞰整个寨子，紧临路边一连三户人家的日光房建得十分显眼，于是毫不犹豫直奔过去。我相信自己的判断，有好的

古茶树鲜叶原料，更要讲究制茶的工艺，日光晒干赋予晒青毛茶持久的生命力，这不独要依赖天气，更要有建造合理的日光房。三家中，只有一家的主人正好在家。主人赶开咆哮护院的家犬，带着我们上楼。主人人过中年，汉语并不十分灵光，听到我们说想要古树茶，言辞恳切地回答："大树茶！"过了许久我们才明了，世代守护着茶园过活的茶农，远比外来者更熟悉茶树。一连试了多款茶，当胃开始抽搐，手也开始发抖的时候，才找出中意的茶来。干茶条索肥大，条形松抛。重手闷泡后，汤色黄绿明亮，馥郁的花香，入口涩重苦弱，但却回甘迅猛持久，果真是一款好茶，总算不负这一行人吃苦受累。临别的时候，我记下了这位淳朴茶农的名字：香过。过了许久后，才从同一个寨子的茶农口中获知，这位哈尼族中年汉子，是人人称羡的炒茶好手，这是后话了。

一见倾心的南糯山古树茶，总是叫人念念不忘。来年的春天，再度登临半坡老寨，未曾见到香过，却头一次见到了香过的女儿过培和儿子过土。巧的是，一家人承接了一宗东北财团老板的活计，正忙着采制单株。赶上这好机会，我们当然不肯错过。眼见着一队采茶工背着布袋回来了，还真是单株采摘的鲜叶，每一个袋子都编了号。或许是茶树大小的差异，小的一袋子只有不到一公斤，多的也只有三四公斤；能采的鲜叶都只管采下来，所以同一袋子鲜叶，色泽相同却老嫩不一。从外面请来主事炒茶的大师傅唤作胡云龙，十分健谈。于是一面帮忙烧火，一面聊天，言语十分投机。胡师傅的总结颇为精到：单株采下的鲜叶，多数都不够这一大锅应有的投叶量，那得足足达到六到八公斤才行。鲜叶嫩的嫩、老的老，炒起来也十分费事，按嫩的炒老叶不熟，按老的炒嫩叶又煳了。边说边炒，一连炒了三锅，头一锅夹生，第二锅炒煳了，只有第三锅才差强人意。盛名之下的单株，多数难符。炒好的杀青叶，每一锅总归有限。只见过培姑娘半跪在竹席上面，双手用力揉捻成形，然后一筛子一筛子分别摊开去晒干。这般金贵的茶，绝少流入市场，通常直接进入终端，故而难觅踪影。

2014 年春天，第三次到访南糯山半坡老寨。我们在寨子里四下闲逛，无意中闯进了正在建设中的陈升号南糯山初制厂。墙上贴着一张图片，密密麻麻的都是与陈升号签约茶农的姓名和按下的手印。这家以承包老班章闻名的茶企进入南糯山半坡老寨设厂，预示着前景的向好。与茶农聊天得知，陈升号鲜叶原料的收购标准非常有意思，树干围径 30 厘米以上的价格最高，树围 20 ~ 30 厘米的鲜叶价格较低，不收树干围径 20 厘米以下的鲜叶原料。这很是让人称道的做法，足见其专业与专注。2017 年，听闻陈升号 3 月 13 号开秤收鲜叶，古树茶鲜叶的价格比往年每公斤多了 20 元。有了参照，市场会有趋稳的行情。

2013 年访茶南糯山，同行中一位大姐小声地抱怨我们总是拣大路边高门大户收茶，肯定难收到便宜的好货。于是带着大家走向寨子深处，任由大家找了一户地处偏僻的

人家。大姐高高兴兴地找上门去，满以为能够找到性价比高的茶，可试茶的结果让她十分失望。于是悄悄示意她撇开众人，一起去这家茶农炒茶的所在地探看。只见锈迹斑驳的炒锅尚未启用，烧柴的滚筒杀青机构造粗陋四下冒烟。眼见此景，大姐似有所悟，喃喃自语："难怪这家的茶，又有烟气，又有煳味。"一款好茶，来之不易，纵使守着满山的古茶园，没有好的炒制工艺，也难有称心的茶。

不甘心的一众人等，隔日随益木堂堂主王子富先生再上南糯山丫口

寨。在益木堂的初制所里，茶农两口子正忙着炒茶，然后手工揉制，再去晒干。跟着茶农上到日光房，无意中一眼瞥见一筛子毛茶，茶条粗大肥壮，条索乌黑油润富有光泽，干嗅就有沁人心脾的清香。抓了一把下去泡，入口滋味饱满，苦隐涩弱，却是南糯山难得一见的甜茶。虽然极为心仪，却抱着君子爱茶不掠人之美的心态没敢启齿。过了许久之后，方才与好友黄杨林说起此事。杨林笑言："你讲给我就好了嘛！我拿给你作为教学样，总是要给大家喝点好茶才会有深刻的印象。"心下兀自叹息，终归是错过了。

2015年春天，又一次到访南糯山。或许是往年的满载而归让大家多了一份期许，真正面对四倍于四年前的古树茶价，大家第一次集体选择了放弃。看到了茶农家里姑娘眼神中流露出的失落之情，我们每个人称取了一公斤茶样，合起来凑够一件十公斤，刚好装满一箱，然后就匆忙下山了。比起往年动辄几十万元的收购量，这一年，许多茶农都没有达成自己的愿望。

2016年春天，上南糯山的路拓宽了许多，只是上山的车辆反而少了。正值茶季，大小茶厂却按兵不动，不见开秤收茶。盘踞南糯山的陈升号给出的头春茶收购价格耐人寻味，仅仅比上年度每公斤下调了10元。算下来，4公斤鲜叶才能炒制出1公斤毛茶，收购价格只下调了区区几十元而已，并不算多。然而面对低迷的终端市场，众多厂商的观望情绪愈发浓厚。赶上天气不好，我们连一款中意的茶样都未曾觅得，5年来访茶南糯山，第一次遗憾地空手而返。

2016年秋天，再到南糯山，四下探看，虽然是旧地重访，却依然满心欢喜。下山途中，特意折到勐海茶厂旧址参观。一直听闻当地勐海县政府有意向将这里改建作茶叶博物馆，却迟迟未见动工。或许正如当地人所讲的那样，古茶山富了一方百姓，却未曾使地方政府有更多的收益，这或许才是问题的根源所在。眼前矗立的老厂房，无言地诉说着往日的辉煌，见证了普洱茶的起起伏伏。

2017年春天，再访南糯山，坐在相熟的茶农家里喝茶。自2012年之后，几年来都不怎么露面的茶农香过专门过来打招呼。于是笑问："您这么早就放手给孩子了，退休得太早了呀！"香过仍然满脸淳朴，满面笑容："我56岁了，山里人，体力活干得多！好在空气好，身体还不错！"

远望窗外满山苍翠，谁又能知道：明天的明天，古树茶会有怎样的未来？

贺开寻茶记

普洱寻茶记

迷上普洱，源于贺开。

想必有许多茶友都会有如我这般的茶缘，因为某一个山头的古树茶，从此便与普洱茶结下了不解之缘。

自从以茶为业，经常会觉得，这时间好不经用，转眼之间又是一年的茶季。在茶芽又萌发，茶花开复落，茶果满枝头之际，已是经年。

2012 年春天，在普洱市偶然结识杨中跃老师，得益于杨老师的带领，第一次到访勐海县的贺开古茶山。当时上茶山的路非常不好走，甫一离开勐海往打洛的 214 国道，便成了泥泞坎坷的乡村土路，大坑挨小坑，坑坑洼洼伸向远方。对古茶山的强烈渴望，促使我们奋不顾身往前进。只是苦了我们开车的杨晓茜老师，前车扬起的灰尘模糊了视线，时不时要停下来等待尘埃落定，再驱车前行。上山的途中，不时有岔路口，担心跟丢，只好硬着头皮，拼命睁大眼睛，努力跟上前车不掉队。突然间，杨老师下意识地踩了一脚刹车，待满天灰尘散去，一车人才惊觉我们的车辆已经到了悬崖边上，再往前一步就是深渊，真真让人惊出了一身的冷汗。

到了贺开的三岔路口，车队停了下来。杨中跃老师告诉我们：这里就是曼弄老寨、曼弄新寨与曼迈寨的交会点。西双版纳这边的人称其为贺开，普洱那边的人则称其为曼弄，其实说的都是同一座山。

　　稍作停留后，我们就驱车离开了。直到几年之后，多方打听之下，我们才找到贺开茶树王，也就是传说中的西保4号古茶树，就在三岔路口的边上，当时近在咫尺却浑然不觉。到了后来，每次都会去探看一番，并留下影像。姑娘们手拉手，两个人堪堪搂住这棵树。正应了茶圣陆羽所言：两人合抱者。这张图片，伴随连续4年来的巡回公益讲座，时时放映，每每为人所惊叹！

　　早在2012年，最早给我留下深刻印象的是贺开曼弄老寨的古树茶。那是在两位茶友在贺开投资的初制所里，条件有限，没有什么像样的茶具，抓一把毛茶扔到搪瓷缸里，烟熏火燎的大铝壶看上去乌漆麻黑，架在火塘上煮水，也不洗茶，沸水直楞楞地冲了进去。端起搪瓷缸，抿了一小口，登时端起来走了出去。心下大为惊艳，入口香醇，回味甘甜，馥郁芬芳的香气，恰似自然成熟的水果与蜂蜜混合在一起的香味，沁人心脾。于是笃定地认为，这是一款绝妙好茶。

　　喝着茶，倚着栏杆从楼上往下张望，看见一位年过古稀的拉祜族老阿婆，打赤脚背着满满一塑料桶水，脚步蹒跚地走进院里。询问之后获知，连年大旱，山上的饮用水都是从山下背上来的。闻听此言，甜美的茶汤中，竟自品味出苦涩的味道。

回到郑州，时时与人诉说这难忘的经历。闻听者大多现出一种难以置信的神态。那时候的贺开，几乎不为北方茶友们所知。见我如此推崇，其反应也就不难理解了。

但是在产地，早在当年，六大茶山公司已经开始主推贺开了。有趣的是，从贺开山上下来，隔日到访六大茶山公司的勐海茶厂，当主管领导提出来要开皮卡车带我们上贺开的时候，头一天的余悸立马涌上心头，连忙谢绝了别人的好意，起身告辞了。

贺开古茶山上，给人留下的最为深刻的印象就是一望无际的古茶园。茶园面积广阔，且古茶树围径壮硕。后来与六大茶山公司的董事长阮殿蓉提起此事，阮董事长给我们看了一张卫星拍摄的地图。阮董事长自豪地告诉大家："贺开是全世界连片面积最大的古茶园，甚至为每一棵古茶树都做了卫星定位。"

2013年春天，当我们再度到访贺开的时候，从国道往勐混镇的路口，六大茶山公司树起了高高的牌子："茶出勐海，谜藏贺开。"2017年春天，招牌上换成了："俊昌窖藏老茶。"无论外界对阮董事长作何评价，我都对她心存敬意。贺开古树茶的声名远播，六大茶山功不可没。间接地，也带富了一方茶山百姓。

　　2014年春天，再次前往贺开，从国道到山脚，平坦的水泥路让人几乎不敢相信自己的眼睛。而从山脚下到山顶上的三岔路口，弹石路面更让人幸福感爆棚。越野车疾驰在弹石路上，车上的人立马被切换成全身按摩模式，从头到脚，身上的每一块肉都在颤抖跳动。大家开玩笑说："照这样下去，身材也会更好。"来云南次数多了，经常会有人说："在云南会开车才算是合格的司机。"这绝非虚言。由于太多艰难险阻的道路，只要是有路就会很开心；要是有了弹石路、水泥路或者柏油路，那更会喜不自胜。由此可见，比较也会让人幸福感大大提高。从三岔路口往曼迈老寨方向的路是如此之好，于是索性驱车直奔了过去，直到路的尽头。停下车来，先是四下在古茶园里探看，然后随机找了一户人家喝茶。一款条索紧结的毛茶吸引了我的注意，抓一泡来喝，居然有着决然不同于曼弄老寨古树茶的劲道苦感，让人颇为讶异。于是想起好友益木堂堂主王子富先前的告知：曼迈的茶很苦的。于是下决心带一点回去做样品。无论如何讨价还价，人家就是不肯降价，反倒带着一种意味深长的狡黠笑容说："你要甜茶的话，还可以便宜点。"

　　2014年秋天，又往贺开，有了弹石路。这给了我们一行人足够的底气，不怕风雨的变幻，大不了车开慢点就是了。古茶园里散

养的牛悠闲地吃着草，并不怕人，环顾四周却并无人照看。9月底，茶树上寄生的各种石斛竞相绽放，真真是美不胜收。于是一次次停下脚步，用相机、手机拍摄那些花儿。

到了相熟的茶农家里喝茶，却意外发现，两个正值上学年纪的小姑娘正在帮妈妈干活。忍不住询问缘由，带着腼腆笑容的年轻妈妈有些害羞。从她断断续续的诉说中知道，两个女儿年龄相若，大的8岁，小的6岁，都在勐混镇上读小学，小小年纪便住校，一周回家一次。孩子小，想妈妈了，就偷偷从学校溜出来，大的拉着小的，一路走回寨去。很难想象，这么小的孩子，这三十多公里的山路，一步步走来经历了怎样的艰辛。古茶的热潮带来了财富，但偏僻的茶山上，教育、医疗等配套服务仍然几尽空白。

2015年春天，迟至泼水节过后，已经到了4月中旬，我们才重又踏上贺开茶山。整个茶山浑似开了挂的建筑工地，到处都在修造房屋。这难免会砍伐古茶树腾地儿，让人极为心塞。从曼弄老寨、曼弄新寨到曼迈老寨，四下苦苦寻求，却难以寻觅到一款令人心仪的好茶。茶，就是这样，只有天时、地利、人和三者俱备的时候，才能有上好的品质。而这，全靠偶然，并不总是让人满意。在一户茶农家中，遇见了一位操着广东口音的老板，志得意满地向身边的人宣称：自己教会了许多茶农炒茶。而且不由分说，接过茶农手中的活计，亲自动手炒茶。遇到这么好的机会，有人愿意作反面典型，自然是万万不能错过的。细细观察，他在炒茶的过程中，十分注重闷炒的工序。杀青完成后，亦有闷的工序。这显然是借鉴了黄茶的制法。难怪有人称：晒青毛茶都是黄茶制法。虽然有些夸大事实，但也并非空穴来风。临走的时候提醒茶农："除非是客户要买，否则不可依此制茶。"年轻的女主人无奈地回答："客户要什么样的茶，我们也只能按照客户的要求来做，实在是得罪不起。"

2016 年 3 月底，赶在头拨春茶开采之际，踩着点来到了贺开曼弄老寨。先是去茶园转了转，早芽型的古茶树已是郁

郁葱葱满枝桠，三三两两的采茶人不时擦肩而过。跟着采茶人，去往一户茶农家里，已是傍晚时分，一家人正忙着炒茶。父亲烧火，两个儿子炒茶，婆媳揉茶，分工明确，效率很高。整个寨子里，家家户户炒茶忙。只是听茶农讲："今年来看的人多，买的人很少，即便下手买，也只是买一点样。"说完之后，深深地吸了一口手里的烟。已是黄昏时分，炊烟袅袅升起，又是该要别离的时候了。

2017 年春天，夜宿勐海，夜半时分，伴随着电闪雷鸣，狂风暴雨从天而降，将人从梦中惊醒。于是再无睡意——让人担心的不是道路，而是茶。好在雨下了两个多小时就停了。第二天一大早，驱车上贺开，在曼迈老寨的古茶园里，农人顾不得露水沾衣，已经早早开始采摘鲜叶。采茶的男女老少都有，茶园主人从山下的勐混镇请来采茶的，一个个羞怯腼腆，只要瞥见相机的镜头，就躲到茶树丛中，传来阵阵的笑声。

　　有些茶，或许注定就是要错过的。离开贺开前往老班章，最后经过贺开茶山的寨子，就是拉祜族的邦盆寨子。

　　2012 年，路过邦盆，顺带询问一下茶价，结果是邦盆茶与老班章居然相差无多。对于邦盆茶的无知导致了错误的决定，连尝都没尝一下就起身离开了。此后连续 3 年，每年都与邦盆擦肩而过，绝少停留。有一年在昆明，与阮殿蓉董事长相约品茶，喝的是六山公司的三款茶——贺开意境、秘境和禅境。无意中看到有一款茶，名为阮殿蓉藏邦盆古树茶，标价与老班章相同，心下为之一动。

　　2015 年春天，在勐海与益木堂堂主王子富相约品茶，闲谈之际说起邦盆，王子富先生拿了一泡邦盆古树茶来喝。只一口入喉，登时就懊悔得心痛无比。这种茶的风格，介于老班章与曼弄之间，入口苦中带甜，苦甜平衡，极为协调；有着芬芳幽雅的花香，杯底留香持久；山野气韵彰显无遗。如此好茶，先前竟错过了，忍不住一声叹息。

2017年春天，再度路过邦盆寨子，无意中瞧见主人在梁上吊起来的铁丝笼里圈养了一只小猴作宠物。这在勐腊、勐海茶山的寨子里时时可见，总不忍与这小生灵四目相视。真希望它能自由自在地生活在大森林中。今天的人们，对自然的无情掠夺已经到了山穷水尽的地步，不知道何时才能自性觉醒，与自然学会和谐相处。

茶山走得越多，时时更要自省。行愈远，知愈浅！在寻茶的路上，需要一如既往地上下求索。明天的明天，还有一座座茶山在等待人们去探询它的奥秘。

老班章寻茶记

行走云南古茶山，最叫人爱恨交织的地方莫过于老班章，多少人爱极了老班章古树茶，又有多少人恨自己不能与老班章古树茶常相厮守。于爱茶的人来讲，曾经来过，曾经拥有过，哪怕只是短暂的相遇，也会将这段记忆收藏在心底，留待将来供自己细细地品味，长久地忆起。

　　回想起第一次赴老班章寻茶的日子，转眼之间已经过去了六年。2012 年至 2017 年，每年一度的到访，像极了牛郎织女的鹊桥相会，相约寻茶，佳期如梦，总在梦醒时分，让人满心欢喜、满怀惆怅，却又禁不住盼望着下一次的重逢。

　　位于云南省西双版纳州勐海县布朗山乡班章村委会下辖的一个少数民族山寨，近年来暴得大名的老班章，时不时会身陷茶行业热议话题事件的舆论旋涡之中。这带给了老班章更大的知名度，吸引了更多的爱茶人士接踵而至。

　　2012 年 4 月份，从勐海县城出发，沿国道行至勐混镇，接下来转向位于勐混坝子稻田中间的乡村土路上，大坑挨小坑的路面坑洼不平。一开始车上的人听到底盘刮擦的声音会忍不住惊叫，到后来已经完全无感了，已经完全顾不上心疼驱乘的轿车，拼了命也要跟上带路的越野车。

　　从山下到山上贺开村曼弄老寨这不足三十公里的路程，几乎是一步步挪到山顶上来的，花了将近两个小时。早年行走云南茶山，从来不去想时间与效率的问题，能够平安顺利抵达目的地，已经让人心怀千恩万谢之情了。

　　在曼弄老寨稍事休息之后，经邦盆寨子继续赶往同为爱尼人的老班章寨子。以邦盆为界，一面归属于勐混镇贺开村委会的地界，称为贺开茶山；另一面则归属于布朗山乡班章村委会的辖地，过去称为布朗山，后起的班章名声日隆，最终班章茶山的名称在事实上取代了前者为世人所熟知。颇具意味的是不独在行政划分上两者分属于勐混镇贺开村委会与布朗山乡班章村委会，神奇的大自然仿佛在两者交界的邦盆寨子画下了一道神秘的线，山水相连的两座茶山所出产的古树茶风格绝然不同，贺开山的古树茶以阴柔型的古树甜茶闻名，班章山的古树茶以阳刚型的古树苦茶著称。香甜柔美的贺开茶似虞姬般柔情若水，浓烈醇美的班章茶如霸王项羽般霸气十足，真真叫人大感惊奇。左手贺开右手班章的感觉，让人喜不自胜。

　　原本以为这一段糟心的路程已经够叫人头大了，完全没有料到云南的茶山道路没有最烂，只有更烂。翌年再赴老班章，正赶上从勐混至贺开的道路施工，无奈之下只好绕行广别老寨，围着那达勐水库绕了一圈之后，来到了一个三岔路口。等了半天，总算碰上了个路人，一问之下才知道：右手边通往新班章、老曼峨，左手边连通老班章。三岔路口道边上，竖了个大石头，勒石记事，言明陈升号曾捐资百万元修筑这一段道路，并称其为"老班章大道"。待我们亲身验证之后才发现，环布朗山路况最烂的就属这一段十几公里的路程。真不能想象，未修之前是一条什么样崎岖山道。更加无解的是，环布朗山道路的施工，一段段修下来，到了2017年春天，独独就只剩下从邦盆寨子经老班章寨子到三岔路口这一段路没有修好，一直都是原来的土路，整个山上别的路段都改建成了弹石路面，只留下贺开茶山、班章茶山上最有名的老班章寨子的路不修，出了老班章寨子往左十多公里至邦盆寨子，往右十多公里至三岔路口，往哪面走都是烂路。有人曾说："老班章寨子里的村民赚了那么多钱，叫他们自己出钱修路好了。"这无疑道出了一部分人的心理话，私下忖度，这或许是老班章周边的道路迟迟没有修好的缘由之一吧！

　　早几年寻茶心切的我们，现在看来完全属于无知者无畏，开着别克商务车硬往上闯。2013 年春天，在三岔路口迎面遇上一位开着越野车的大哥，在两车交会之际，他完全不理会车辆行驶荡起的漫天灰尘，摇下车窗冲我们直竖大拇指。现在开着越野车回想起来犹觉得后怕，那时真是运气好，倘使车辆搁在半路上，在这深山里等待救援该是何等可怕的景象。多年累积下来的经验告诉我们，到云南入山访茶的要义，切不可赌上自己全部的好运气。

　　造物主是如此的神奇，偏偏就是在这样一条令人苦不堪言的路途上，有老班章这种誉为王者的普洱古树茶，尤以苦茶型的老班章追捧者为多。乃至于在这样一个偏僻的少数民族村寨，成立了一个老班章茶文化研究会，这恐怕是国内行政级别最低，但又举世闻名的茶行业民间组织机构了。

　　历年到访老班章，每每在寨门前停下脚步，未能免俗，我们也留下了自己的影像——微信朋友圈里，这早已经成为朋友间相互调侃的普洱茶行业第一俗。第二俗，则是在老班章寨子古茶地里与茶王树合影。

老班章寻茶记

115

2012年春天，第一次到达老班章寨子，印象深刻的是身边擦肩而过的越野车荡起的灰尘，再有就是整个寨子像是一个大工地，无休止地大兴土木。2012年至2017年春天，连年到访老班章寨子，六年的时间，寨子里原来几户人家的传统杆栏式建筑的老房子已经拆毁殆尽，完全看不出这个寨子旧日的模样，许多房屋甚至连固有的民族风格都已经彻底放弃。让人不得不感叹市场经济的力量是如此强悍，这个曾经纯朴的哈尼族分支爱尼人村寨的汉化速度真是惊人。

2013年春天，在寨子里一栋完全西化的小洋楼建筑工地上，避开众人，我用相机镜头悄悄记录了一个木雕的男女交媾的形象，这种少数民族生殖崇拜的图腾，在老班章、新班章的寨门前已经消失，这是否也意味着一种古老习俗的消逝？或许只有时间能给我们答案。

2012年春天，在老班章寨子里收购古树毛茶，说好了2500元一公斤，在成交的时候硬生生涨到了2800元一公斤。同去的一位云南普洱茶界名家看到茶农家里刚好放了一本自己写的书，于是以书为由，强塞给茶农2500元钱，拿了一公斤茶。收钱的茶农满脸不高兴，嘟囔个不停。眼见为老班章摇旗呐喊的当地专家的面子几乎值不了300元，直叫人心生感喟。由此得出一个结论，与老班章的茶农打交道，不讲交情，只谈利益，说出来伤人，听起来心有戚戚焉，但这是唯一可行的准则。

2013年春天，坐在相熟的茶农家里泡饮老班章毛茶，入口苦感较弱而涩感强烈，回甘生津较慢，但依然有着优雅诱人、芳香若兰的香气。茶农问："马老板，这个茶怎么样？"回答："不怎么样，涩得很。"茶农回复："这个是小树茶。"再问："最低多少钱？"茶农说要3000元一公斤，并要我出价。我半开玩笑地说："最多200元一公斤。"茶农笑着答复说："你要的话最多便宜200元，2800元一公斤。"于是转过头招呼同行的人："有谁要买？"或许是听到了我和茶农的交谈，大家你看看我，我看看你，面面相觑，竟无一人作声。反复提醒了几次之后，仍然没有人有购买的意思，只得作罢，低下头慢慢喝茶。离开老班章回程的路上，在颠簸的车上与一位同行的大姐闲聊："你为什么不买一点？"大姐说了一句："你都说了是小树茶，只值200元一公斤。"看到大家迷茫的眼神，不由叹了口气，喃喃自语："如果不经常喝，记

住小树茶的味道，又怎么分辨呢？来都来了，这也是学费呀！"

2014年春天，在一户老班章茶农家里，眼见进来这么一大帮人，茶农问："买茶吗？"有人回答说："看看再说。"茶农转过身拿出矿泉水："来，喝水。"直到看见最后走进来的我，脸上才有了笑："你们一起的啊！来，坐下喝茶。"相较2012年的茶，这茶还算是不错，只是价格已经整整涨了一倍还多。千辛万苦来到老班章，大家凑在一起说是要六公斤，茶农满脸失望："你们还要不了一件茶（十公斤）啊！"看着他屋里面堆满的成箱的毛茶，明显有价无市，并不好卖。一年又一年，即便是相熟的茶农，态度愈发冷淡下来。早前每次来，买与不买，买多买少，都还在寨子里开的饭店请大家吃个饭，而今就连茶都不太情愿让试泡了。或许就如同他说的那样："同样多的茶地，别人一年最少要赚一百多万元，凭什么我只能赚二三十万元呢？"在巨大的经济利益刺激下，人都是会变的，就连这古老茶山上苦了上千年的茶农也不例外，都在金钱面前败下阵来。

2015年春天，相熟的茶农不在，只有他儿子在家里。电话与他爸爸沟通之后，大家坐下来喝茶。或许是由于连年过度地采摘，加上今年春天雨水过大，茶的苦底更重，涩感尤其强烈，香气低闷，好半天才有微弱的回甘。询问有没有更好的茶，回答直截了当："我家的茶都是大小树混采。"顺带询问了一下报价，比起2014年，每公斤只下

降了 500 块，降幅连 10% 都不到，而这茶的品质实在是令人无法提起兴趣。

2016 年春天，再次来到老班章寨子。这次，昔日打过交道的茶农在家里，全新修造的房屋拔地而起，据说花费不下百万元之巨。仅仅隔了一年没有见面，令人无比尴尬的一幕出现了，往年熟络的茶农已经完全不记得我们了。同行中有人连年到访，随手拿出手机打开这个茶农的微信指认，茶农仍是一脸茫然，可见并不是装作不知道，而是真的彻底忘记了。在经济大潮的冲击之下，茶农能够记住的都是大金主，或者干脆就只认得钱，完全不记人了。农村信用社已经开进了寨子，茶农家里也装上了 POS 机。当

有人提出刷卡付款的时候，他还是更愿意面对面地收取现金。有人甚至怀疑这个村寨的居民已经丢掉了原来的信仰而彻底转向拜金主义了。但任谁在这样的洪流中，恐怕也难以置身事外吧！大家也就没有任何理由苛责一个上了年纪的茶农了。随口问起："你的姑娘呢？"回答说："在昆明读大学。"再问读的哪所学校，学的什么专业，则直摇头，完全是一无所知了。对于外面的世界完全不知道，对于寨子里的剧变，虽然亲身经历了，但也并不明白究竟是什么样的力量将他们裹挟到这时代的潮流中，冲向未知的远方。

2017 年 3 月底来到老班章寨子，新修的寨门让这个村寨增加了几分土豪的气息。近年来已经习惯了每年都到茶地去走一走。早在 2012 年，刚刚认识的茶农把我们带到了他家的茶地，并特意交待："不要采人家的茶叶啊！要采采我们自己的。"到了 2013 年，在带我们去看茶地的路上，与迎面遇到的一位老婆婆打了声招呼，然后低声告诉我们："不要小看这老太太，一天到晚光是采茶卖鲜叶，就有两万多元赚到手。"

2014 年至 2017 年，我们稍加熟悉了情况之后，每到老班章寨子，都自行把车开到茶王树附近去看茶地。2017 年春天，在出寨子往茶王树附近的路口设置了专人看管的哨卡，外来车辆不再允许进出茶地，而要停靠到专设的停车场，然后步行前往。于人于茶树来讲，这都是一个保护的举措。通往茶王树道路的两侧，撑起了黑色的隔离网。许是游客太多，难免好奇会摘茶叶，时间长了，加之人多，茶价日渐高涨，为了

减少损失，这是不得已的举措。连茶地里采茶的人，看到外来人的询问，已经表情冷漠，完全不愿意作答了。或许换作是任何人都难免不胜其扰了吧！

　　头天晚上老班章遭遇了冰雹的无情袭击，完全成熟的老叶片，还有幼嫩的新梢被打落了一地。茶树上残留的叶子看上去也无精打采，一片片耷拉下来，叫人无比痛心。照理说，应对这样的灾害，最好是选择停采留养，让已经上了年纪的古茶树先保住自己活命，以图来日方长。可是在眼前的巨大利益的驱动下，茶园里到处都是采茶人，让人忍不住为古茶树的命运添了几分担忧。到了茶王树附近，铁丝网将人远远地隔开，一眼望去满地都是遭冰雹袭击被打落的芽叶。边上有人大声议论："听说明天茶王树要举行开采仪式啦！"耳闻这样的消息，不知道有几家欢喜几家愁。

　　眼见天色渐晚，不敢再耽搁，急忙离开老班章寨子赶着下山。驱车十几公里，经过邦盆寨子，刚刚离开泥泞的土路上到贺开的弹石路上，漫天密布的乌云终于化作一场从天而降的瓢泼大雨。连年云南访茶，春茶的季节按傣历来算，仍属旱季，像今年春天这么大的雨水，确实非常罕见。好在车已经行驶到了路况好的路面上，于是放慢车速，慢慢向着山下的勐海县城赶去。还在路上，朋友圈里已被众多茶友刷屏，勐海县城遭遇暴雨袭击，已经是满城风雨了。

　　离开勐海之前的一个晚上，相约朋友一起茶叙，喝的是今春从山上老班章寨子亲戚家里带来的古树茶。干茶的条索比之往年显得纤细了许多，芽头瘦长，芽色灰白而茶条棕黑相间，冲泡之后，汤色黄中带绿，茶汤入口之后滋味略显淡薄，苦弱涩显，许久之后，回甘慢慢地从舌尖泛起，杯底的香气持久度似乎欠了一点，山野气韵不若好年份来得强烈。于是笑着对友人说："喝了这个茶，更想念你早年做的老班章茶了呀！"朋友哈哈大笑："别说是茶，我们的青春都没有了呢！"看到人近中年的友人两鬓早生华发，忍不住鼻头有些酸楚。

　　以茶为业、依茶而生的人们，与茶的命运一起浮浮沉沉，年复一年，在茶季往返在茶山的路上，送走了一个又一个日落，迎来了一个又一个日出。茶与人的明天究竟会怎样？或许只有时间能够给出最终的答案。

新班章寻茶记

云南寻茶的日子，让人几多欢喜几多惆怅。多少个日日夜夜，都盼望着能够去往班章问茶，每每却无缘错过。由此，更多了一份期待，那会是怎样的一种相逢？

2013年春天，从勐海出发前往班章，经贺开上山的道路正在整修，于是不得不绕道而行。途经广别，围着那达勐水库环绕了一大圈，到达了一个三岔路口，路牌上的指示，一边指向老班章大道，另一边指向新班章、老曼峨方向。于是征求大家的意见，心怀对未知的渴望，我们选择了后者。

没有走出多远，迎面开过来一辆丰田霸道越野车，开车的大哥不顾车辆行驶荡起的满天灰尘，摇下车窗冲开着两辆别克商务车GL8的我们直竖大拇指，被人怒赞的我们往前走了几公里才悟出其中的含义。坑坑洼洼的土路，加之浮土荡天，商务车几乎是一步步向前挪动，但当时的我们却浑然不觉其中的风险，大无畏地勇往直前。

终于看到前方的村寨，车上的人忍不住欢呼起来。进到寨子里迎面碰上一个人，便向其打听这里是否是新班章的所在。"这里就是班章，不是新班章。"得到的答复让人有些发懵，直到后来才知道，碰上的是班章村委会的书记李刚。真可谓寻茶到布朗，误入新班章。年复一年访茶布朗山，现在大家言必称班章，很少有人提及布朗山的名号了。

　　李刚书记的话言犹在耳，转眼就又过去了数年。后来我们才获悉，老班章、新班章、老曼峨等寨子统统隶属于班章村委会，村部就设在新班章。

　　上布朗山的艰苦经历，每每回想起来就觉得心都要碎了。熟悉了路线之后，就有了更多的选择。一是从南很经坝卡囡上班章，全线铺通了水泥路。二是从布朗山乡政府经老曼峨上班章，已经是全线贯通的弹石路。三是经广别上班章的道路，依然是让人头痛的坎坷土路。四是经贺开上山的路线，只剩下从邦盆寨子经老班章寨子到靠近新班章这一段还是土路。据说隶属于勐混镇贺开村的邦盆寨子，与隶属于布朗山乡班章村的老班章寨子，两个寨子之间的这一段资金尚未到位。山水相连的两个寨子，却因为行政的归属不同，近在眼前却道路难行。同属布朗山乡班章村委会，从老班章寨子往新班章寨子方向的弹石路正在施工中。直到 2017 年春季，这一段路仍未修好。据知情人士透露：老班章和交通局的关系不好。以至于老班章的人愤愤不平地抱怨："天天有领导来，路都不给修！以后来了饭都不给他们吃。"班章村委会连接老班章、老曼峨的路上开始有了指示牌，标的名称仍然

是新班章，可见惯性使然的力量极其强大。

《云南山头茶》的作者林世兴老师更喜欢称其为班章老寨，林老师笑着说："明明是老寨，却又加上新班章，这不是自降身价吗？"新班章就新班章吧！要的是古树茶就好！

非常喜欢班章老寨古树茶，只是从 2013 年至 2015 年，连续 3 年到访班章都未曾亲眼见过班章古茶树。早年听《新普洱茶典》的作者杨中跃老师提到过：班章古茶树大都在老寨，需要骑着摩托车才能过去。前几年班章炙手可热，来自全国各地的客户到班章村民家里，能有人招呼喝上杯茶，那就不错了，更别提去古茶园看看了。于是这个叫班章老寨的地方，在内心成了谜一样的存在。

年年到访，都要到李刚书记家去坐坐，喝杯茶，只是支书忙得很，多数时候只有他老婆在家。

2016 年 3 月底，早上从勐海出发，经贺开、邦盆至老班章，路上大雾弥漫，只好打开雾灯缓缓前行。到了新班章，雾散了。坐在屋檐下，冷风吹得嗖嗖的，大家纷纷穿上外套犹冻得发抖。从老寨茶园回来，云消雾散，体感温度仍然很冷，让人充分领受到了茶山气候的变化多端。

　　到了班章，又见到我们，李刚书记的老婆高兴地同我们打招呼，还说："这么早就来了？今年天冷，古茶树比往年晚发了一周，这两天才开始有。"我顺口接话："去年下雨，今年又冻害，都没个好。"书记老婆笑嘻嘻的，不假思索说道："可是茶树都还活着。"闻者无不莞尔！是啊！只要古茶树还在，一切都还充满希望。

　　打听支书的去向，说是去茶地看茶树发芽的状况了。趁着现在还不太忙，便想请书记带我们去看看。没多大工夫，李刚书记回来了，没有停歇，他就开着他的四驱帕拉丁越野车前头带路出发了。出门前，书记

老婆在后面大声叮嘱："早点回来，做饭给你们吃哦！"我们一面答应，一面发动了车。前往老寨古茶园的道路正在整修，得亏有书记打了招呼，挖掘机让开道路，我们得以前行。书记边开车，边介绍情况。他指着山坳里说，那就是班章老寨旧址。顺着他手指的方向看去，那里已经被新栽的茶树覆盖，让人忍不住喟叹！

2016 年春天，甫一走进班章老寨古茶园，仍然被惊呆了，虽然一路六公里过来，两边的古茶园随处可见，但树干如此粗壮，且又连片集中的古茶树，还是让人叹为观止！更加令人惊喜的是古茶树发得旺盛，郁郁葱葱，已经可以大面积开采了，茶园里已经有茶农正忙着采茶。据书记介绍，这一大片，等到请的采茶工上来，两天就可以采完这一拨。在古茶园的深处，铁丝网围着一棵大茶树，在书记特许之下入内测量，树干的围径足有 150 厘米，可知经历了多少岁月轮回。

2016 年秋天，与益木堂堂主王子富先生到访班章，茶歇的期间，无意间提起班章老寨的古茶园。大家听说可以开车过去，立马来了兴致，呼呼啦啦站了起来，驱车前往古茶园。经历了一个雨季的冲刷，个别的地方略显坑洼，但对于四驱的吉普牧马人来说如履平地。或许是因早年道路不通，绝少有人来到这里，古茶园与森林融合在一起，行走其间，闻到的是清凉的山野气息。茶树亦有高洁的品性，生性爱幽谷。同行的赵文亮先生浸润艺术行当多年，眼光极为独特，他注意到了古茶树苍劲古朴的虬枝极具审美意味。细细观察，果不其然。只顾着看茶，忽视了脚下沾着晨露的野草恁般湿滑，狠狠摔了一跤。着急来拉我的佑园姑娘身体失去了平衡，也向后倒去，得亏了眼疾手快的海钊，身手矫健地将佑园硬生生托了起来。

　　2017 年春天，头天晚上的一场大雨让人心怀忐忑。天亮后，天空放晴，只有硬着头皮上路了。车过邦盆，仍然是泥泞坎坷的

道路，好在有了大马力越野车，一路在发动机发出的嘶吼声中涉险过关。已经是熟门熟路，于是先行前往茶地探看。头天晚上的暴雨夹杂着冰雹，新梢、老叶被打落了一地，看上去损失不小。茶农们已经在茶园里忙着采茶，今年头春的茶季才刚刚开始。

犹记得 2014 年春天，正是班章行情火热的时候，在李刚书记家里，书记的老婆招呼看茶的马博峰老师："靠墙边那袋子好一点！"抓一泡来试，果然不错。喝到了好茶，心情大好，高高兴兴地唱着歌走了。

2015 年春天，同是在李刚书记家里，试了一泡茶，没有找到想要的韵味，问书记的老婆："还有好的吗？"正在烧水的她头也不抬地说："都一样！"打眼一瞧，墙角有一箱干毛茶看上去很是不错。又问她，答曰："人家订过了。"只管将盖碗里上款只喝了两道的茶兜底倒了，抓了一把来泡，她瞧见了，略带嗔怪地说："浪费呀！"茶农做茶的辛苦与不易，溢于言表。

2016 年春天，在李刚书记家里，有客户来看茶。恰好书记在家，她就推说书记当家。但当书记对某款茶报价偏低的时候，她又立马跑了过去："不对，不对，这个是古树茶，贵一点。"真是令人叹服的一位女性，识大体，懂进退，又勤劳能干。

2017 年春天，又到班章，李刚书记特意从山下赶回山上，与大家相约喝茶。攀谈中得知：李刚书记的本名叫门四，已经做了18年班章村委会的支书，现在已经连任六届了。可见书记在当地颇有威望和政声。由于今年前期气温低、干旱，茶树才刚发。书记的老婆说："茶已经可以采了，但昨天晚上、前天晚上和大前天晚上连续下了三天雨，做出来的茶不好喝，要等到连续晴天才能开始采茶。"茶农与土地相知相守，最懂得天时、物候对茶的影响。

2016年秋天，傍晚离开班章，经坝卡囡、南很回勐海。远山之外的夕阳无限好，只是已近黄昏。

2017年春天，天色将晚，风起云涌间，雨水从天而降。从班章过老曼峨下到布朗山乡的路上，雾气从山谷间升腾而起。连续7年的到访，今年的茶季，雨水格外多，从各茶山时时传来遭受冰雹灾害的讯息更是让人心忧。

晚上与王子富堂主在班章喝茶，边喝边聊，闲谈老班章、新班章与老曼峨的区别。同样的浓烈型普洱古树生茶，都属于抛条形，灰、白、黑三色相间，色泽乌润富于光泽。老曼峨的毛茶条形最为粗壮肥大，新、老班章则显得肥壮。同样的清幽花香，愈好的古树茶，愈近似于典雅的兰花香。同样的入口苦回味甘甜，愈好的茶回甘愈快，且持久隽永。有人喜爱老曼峨凝重的苦感，有人偏爱苦甜平衡谐调度极佳的老班章，亦有人乐意领受新班章老寨古树茶苦中微涩的风味。最令人回味无穷的莫过于尚好班章老寨古树茶强烈的山野气韵。

　　茶的命运，就是我们自身命运的写照。我们品味茶，就是在品味生活。茶的苦，茶的涩，茶的甜，茶的香，茶的韵味，都是我们人生的滋味。

　　能在最好的年华，遇见最好的古茶，又何尝不是一种幸福？唯愿与这古茶相守相伴，但愿茶老人未老。

老曼峨寻茶记

回想过往赴云南茶山寻茶的日子，就如同眼前这一盏老曼峨古树苦茶，苦中有甜，回味隽永。亦如我们历尽千辛万苦在茶山奔波的经历，苦中有乐，不觉间，在微笑的时候眼角会有点点泪花，那曾日夜与茶相伴的日子，都是我们深爱的生活中的苦乐年华。

　　江外的众多古茶山，环云南省西双版纳州勐海县周围，星罗棋布在巍峨的群山深处。过往名声远播的布朗山，今天反而越来越少有人提及，几乎已经被班章显赫的名号所取代。

　　勐海县的布朗山乡是全国唯一一个布朗族自治乡，这个茶乡境内连片面积广阔的古茶园，主要分布在班章村委下辖的老曼峨寨子、新班章寨子与老班章寨子。民族学、人类学家们的调查结果显示，布朗山乡的古茶园起源于布朗族的老曼峨寨子，随着民族的迁徙，布朗族人将新班章、老班章的古茶园留给了后来迁入的爱尼人。据当地的村民口口相传：过去逢年过节，为了感念布朗族人的恩德，居住在新班章寨子、老班章寨子的哈尼族分支爱尼族人，都会主动奉上礼物。以外来者的观察，似乎这样的风俗，现在的人们只是听闻而已。

　　前往布朗山老曼峨寨子访茶的路径主要有两个方向：一是从布朗乡政府所在地上山，一是从勐混镇方向经贺开、老班章、新班章方向上山。具体的路径则至少有四条，现在都是可以开车前往的。山路崎岖坎坷，选择越野车远强于轿车。更重要的是要选择熟悉山路且驾驶技术高超的老司机。

　　仅仅在几年之前，开车上老曼峨寻茶，还是令人生畏的艰难险途。2012年4月下旬，泼水节过后，我们一行人从景洪市勐龙镇勐宋村下到山下之后，发现离布朗山乡政府驻地只有30多公里。雄心勃勃的人们打算从布朗山乡方向上老曼峨访茶，孰料想车子开出去没多远，一场大雨从天而降。硬着头皮往前开出十多公里后，眼见这雨下得越来越大，看看我们开的轿车，想想从布朗山上老曼峨的土路，再抬头看看天，忍不住长叹一声，只得作罢。

早前在老班章寨子的时候，带路的朋友开着越野车经贺开把我们礼送到山下国道上，借口我们的轿车到不了老曼峨，丢下我们自行折返上山前往老曼峨去了。两次艰难挫折反而激发了我们探访老曼峨的斗志。

2013年春天，从勐海县城出发，经勐混镇上贺开的道路正在施工，绕行广别、新班章误打误撞来到了老曼峨，对道路的糟糕状况严重估计不足。距离寨子不远的地方，顺山坡上流下来的一条小溪在土路上冲刷出一条不起眼的浅浅泥沟，我们驱乘的别克商务车陷入其中。来自许昌的刘克亚老师有多年自驾游的经历，还有郑州来的常艳红大姐开了十多年出租车，端得仰仗两位老司机的技术与经验，总算是涉险过关。

到达老曼峨寨子已经是傍晚时分，我们已经做好了最坏的打算，准备在车上凑合一晚。幸运之神眷顾了我们，巧遇山水延生堂的董事长李明先生，他那里有整个老曼峨寨子里唯一有客房可以住宿的地方，更巧的是有一帮茶友前脚刚刚离开，我们后脚就到了，一行十人就此安顿了下来。

　　入夜的老曼峨寨子，忽然遭逢了停电——据说这是常有的事儿。久居城市不见繁星的一行人，坐在楼顶仰望满天星斗。月光洒满大地。远远地听到寨子里有人打着手鼓在唱歌，顿时觉得身处世外桃源般的美好，久久徘徊不忍离去。那天晚上，做了一个甜美的梦，就连在梦里都恍似闻到了芬芳馥郁的茶香。

　　第二天一大早，就叫醒大家去爬山。地处山坳里的老曼峨寨子，转圈的山上郁郁葱葱地遍布着古茶园，特大叶种和大叶种茶树占据了绝对优势。脸颊瘦削的马博峰老师在古茶园中找到了一片特大叶种茶树的定型叶，足足可以盖住他的一张脸，惹得一圈人围着他笑个不停。古茶园中高比例的苦茶种，赋予了老曼峨茶凝重的苦感和威武霸气的风格。同为苦茶类抛条形班章古树茶，老曼峨的毛茶远较新班章、老班章更为粗壮肥大，苦感更重，回甘较慢，但强劲持久；香气同为花香，但不如新班章、老班章来得细腻，价格只有老班章的三分之一、新班章的一半，堪称性价比最好的班章茶。

下午离开寨子往回走，一路生怕掉到水沟里，结果终究还是没能躲过这一劫，车辆生生地又陷了进去。好在人多力量大，顾不得满身溅满泥水，齐声呼喊着把车子推了出来。只是无论如何也没有想到，这仅仅是一个开始，待到来年春天，进出老曼峨寨子，硬生生地又两度遭遇这样的情况。

2014年春天，在勐海县城足足等待了三天之后，山上传下话来，房间腾出来了。我们这才出发前往老曼峨。从勐混镇经贺开、邦盆、老班章、新班章、老曼峨至布朗山乡，环布朗山的公路正在整修，限时段放行。从新班章出来前往老曼峨时，我们被堵在了半途。眼见夕阳西下，望着远方巍峨的群山，忽然觉得满怀惆怅不能自已。

晚上七点钟，施工队下班，如约准时放行。富有经验的刘克亚老师特意等待前面的越野车、皮卡车轧出了较为坚实的车辙后，才小心翼翼地开着别克商务车尾随前行，结果还是人算不如天算，车辆陷入泥潭无法自拔，得亏有一帮布朗族的兄弟们齐心协力，硬是喊着号子把车子抬了出来。

　　2013 年春天的满载而归，使我们对 2014 年老曼峨古树春茶满心期待。然而第二天转遍了整个寨子，却找寻不到中意的老曼峨古树茶。心有不甘地在茶园中四处闲逛，亲眼见到古茶树上摘下来的鲜叶被等在树下的茶贩就地称量付钱后，用皮卡车满载着绝尘而去。一切已经不言而喻，只得两手空空打道回府。茶山访茶，永远是希望与失望混合交织在一起。很多时候，只能顺应天意、安于天命。

　　纯真的孩子们并不懂大人的喜怒哀乐，在寨子里走动的时候，迎面碰上三个手持水枪的小姑娘。离泼水节尚有时日，显然孩子们已经迫不及待想要过节了，看到独自游荡的我，她们相互对视了一下，便开始向我打水枪。突遭水枪袭击，我拖着访茶过程中扭伤的脚就跑。看到一瘸一拐试图狼狈逃走的大人，孩子们快乐的笑声传出去老远，我自己的心情也仿佛随之好了起来。

　　离开老曼峨寨子的时候，对头天的遭遇心有余悸，

于是问明道路选择往布朗山乡方向下山，可是依旧人算不如天算，车开出去没多远，刘克亚老师驾驶的头车再次陷入泥潭。四顾见不到行人，又身处通信盲区，移动、联通和电信统统没有信号，好在有第二辆车殿后，当下决定折回寨子，找来绳索把前车拖了出来。刘克亚老师更是没有闲着，四下寻找树枝，扛回来临时修路。之后开着空车加大油门猛冲过去，总算是安全脱身。

　　云南访茶，山路跑得越多胆子越小，几年下来，从早年的轿车、商务车，改换成四驱的越野车，每辆车都配备了至少一名跑过云南山路的司机，再配备一名替补司机，然后才敢上路。

　　2015 年春天，经勐混镇离开国道到山顶贺开的道路已经铺好了水泥路或弹石路面，从邦盆经老班章、新班章到老曼峨的路依旧是坎坷的土路。此行我们的队伍壮大，换作了三辆越野车，这让人开心了很多。

　　头年的经历影响了对当年的预判，原本不抱太大希望的我们再次造访老曼峨。普洱古树茶市场热度下降，随之而来的是茶商数量大幅减少，寨子里比起往年冷清了不少。虽然古树茶的品质不比往年差，价格却回归到了 2013 年的水平，与 2014 年相比下降了 50%。多多少少有了丁点儿收获，虽比不得前年，却好过去年。可是或多或少心里还是有些空落落的，或许是在怀念早前两年夜宿老曼峨度过的美好时光吧！可那终归是再也回不去了。

　　离开老曼峨寨子赶往布朗山乡方向去寻找住宿的地方，令人喜出望外的是弹石路已经铺通到距寨子不足三公里的地方，就这已经让人感觉幸福指数陡升，一路上在颠簸抖动的车子里哼着不成调的歌快乐地奔向山下。

　　2016 年的春天，又一次奔赴老曼峨，连通新班章、老曼峨与布朗山乡的弹石路面已经铺通。随着交通状况一年好过一年，老曼峨的古树茶价格随之疯狂上涨。据相熟的茶农介绍，寨子里广播通知村民统一调整对外销售的价格。虽然多少有些心理准备，听了报价后还是吓了一跳，比之往年贵了一倍都不止。这显然很难让人接受。看着茶农一脸的犯难样，我们也不好说什么了。据说，私自以低过寨子规定价格售卖毛茶的村民将会被重重处罚。年轻的茶农小伙子嗫嚅道："已经有人被村主任叫去骂了一顿，说是还要罚钱。"

这次，我们选择了原路返回。离开寨子的时候往回望去，新修的寨门颇具气势，已经修造了一半；远处新建的缅寺也将投入使用，旁边搭着脚手架，正在建造一尊巨大的佛像，已经初具形态了。

　　2017 年春天，整个云南访茶的行程都遭逢了异常的天气。当我们来到老曼峨寨子的时候，本来应当正值头春茶的旺季，却完全看不到往年繁忙的景象。详加打探之后获悉，今年的古树茶才刚刚开采，大面积的采摘还要再等待些时日。寨子后面的古茶园里，四下寻觅也找不见几个采茶人。

修造多年的缅寺看样子已经投入使用，这个茶山里的古老民族依然延续着自己的信仰。三个孩子在寺院的大门下玩耍，当我把镜头对准他们的时候，孩子们自觉地摆出造型，笑嘻嘻地坦然面对。

　　离开老曼峨寨子时，从山上往下俯瞰，五年前整个寨子的布朗族传统杆栏式建筑大都保存完好。短短数年间，普洱古树茶市场的火热带给了寨子海量的财富，旧有的民居大多已拆除，新建的房屋虽然在形式上保留着传统风格，但色彩斑斓的现代建筑材料却在热带阳光下折射出刺目的光芒。出入老曼峨寨子的大门已经修造完成，远处的大佛还在施工当中。巨大的佛像如同屋檐下沉默的老人，依旧护持着这千年的古寨。

勐龙寻茶记

普洱寻茶记

入山寻茶，既是一种对未知领域的探索，也是一种对往昔认知的修正。连年行走勐龙茶山，终于使我们领悟到：这个世间从不缺乏好茶，欠缺的只是人们鉴识好茶的能力，所以才会一次次地与好茶擦肩而过却浑然不觉，直到有一天，当你蓦然回首，才发现那如斯迷人的古树茶，就藏在勐龙茶山最深处，那该是怎样令人惊叹的美好？茶自无语，静默以待。

　　2012年春天，我们首次到访滇南西双版纳州，一门心思前往景洪市勐龙镇勐宋村寻访苦茶，四下找朋友询问打探路线，得到的回答都是同样的令人沮丧："你们开的别克商务车上不去。"最后几乎不抱希望的我们，抱着试试看的心态询问在景洪市做普洱茶生意的一对韩国夫妇，得到的答复令人喜出望外："新修的路，很好走！"男主人的汉语不太流利，用手转着圈儿比画，并用嘴巴模拟发出汽车加大油门的轰鸣，搞

得我们一头雾水。直到我们驱车五十多公里经勐龙镇行至勐宋山下，开始沿着盘山公路一路向山上攀爬时，方才明白韩国友人的意思——这段曲曲弯弯的盘山公路足有二十多公里，在一望无际的橡胶林中迂回穿行，确实是一路加大油门伴着发动机的轰鸣声转着圈儿爬上山去的。回想一下，人家的形容倒是十分贴切有趣。新修的柏油路面更是油光发亮，一路畅通无阻。

上到山顶，路边映入眼帘的是一个边防站。直奔勐宋村委会曼加坡坎小组，中文名字叫作先锋寨。寨子的周边到处都是一望无尽的古茶园，这里是勐宋苦茶最集中的所在。曾经看过有一本书上这样描述："勐龙镇勐宋村的古茶园有苦茶和甜茶，就连茶园主人自己都分不清楚，需要在采摘时咀嚼芽叶才能做出区分。"漫游古茶园的过程中，远远望去，古茶树呈现出两种不同的叶色，一种整体的叶色墨绿，另一种整体的叶色黄绿。出于好奇，摘下这两种不同叶色茶树的嫩芽放在口中咀嚼，墨绿色茶树的嫩芽入口清苦，苦后回味清甜；黄绿色茶树的嫩芽入口苦比黄连，直苦不化。进入到一户茶农家中，主人拿出两种茶请大家品尝。先喝的甜茶，苦感较重，甜感并不明显，香气清幽；然后品味苦茶，苦感锐利，直入喉底，苦比黄连，长久不化。同行的一位茶友非常喜欢，想要多买一些，可是主人家里已经没有存货。男主人起身说："我去缅甸背一袋子回来！"转身便走。我们连忙叫住他，问他会不会过境不太方便。主人摆摆手："半个小时就回来！"直发蒙的我们站在二楼的阳台上，眼看着主人翻过沟去，不多会儿又背着一袋子茶顺原路返回了。这就算是出一趟国了？看着诧异的我们，主人笑着说："这里的人，有些一辈子都没有到过景洪，但是经常出国，很近嘛。"

首次到访不知深浅的一行人，不觉间苦茶喝多了。下山的路上，一向性情开朗的杨晓茜老师突然变得非常忧郁，连车都开不成了。事后据同车人回忆，向以严肃著称的马老师，也就是我自己，一路笑了七十多公里回到景洪市，而当时的自己却浑然不觉。

　　一直以来关于勐宋苦茶的去向令人纳罕。这种苦比黄连、直苦不化的茶到底作何用途？在一次同云南普洱茶专家杨中跃老师聊天时，杨老师给出的答案是："被人拿去拼配，冒充班章，卖给只听闻过班章茶苦的消费者了。"

　　2014年春天，时近清明，时隔一年之后，再赴云南西双版纳州访茶。结束环布朗山访茶的行程，查阅返程的路线时发现，勐海县布朗山乡与景洪市勐龙镇山水相连，回程刚好经过勐龙镇勐宋村，当下决定顺道探访。

　　名山古树茶行市连年见涨，苦久了的茶农，为了多赚点钱过上好生活，将目光投向了市场热捧的古茶树。茶树萌发一次采摘一回，几乎所有的名山古茶树都遭逢过度采摘，这已经成了不可逆转的趋势。古树茶品质也随之下滑，只能让人徒增感叹。

　　再次来到勐宋村先锋寨品鉴勐宋苦茶，令人惊讶的一幕出现了，既往僵苦不化的苦茶，饮过之后居然开始有了微弱的回甘。细细想来，不觉释然。当地人传说，数百年前采自野生茶树种子，人工栽培了数百年的勐宋苦茶，依然野性难驯，保留着原始的犷味，而最近几年由于频繁地采摘，苦茶中苦味质成分下降，反而导致了品质的提升。以往随处可见的苦茶反而成了抢手货，一行十人总共才收到了六公斤苦茶，只能回去每人分上一点点尝尝罢了。

　　2015年春天，过了傣历新年泼水节，我们第三次到访勐龙镇勐宋村先锋寨。沿着古茶园边上的小路信步漫游，不觉间竟然走到了龙园号勐宋初制所，意外地碰到了友人黄宗全先生。黄先生热忱地邀请我们品茶，其间讲到了一件往事：2000年左右，龙园号的老李总来勐宋收茶，在验收茶农交售的毛茶时发现，古茶园中有一小部分苦茶掺在甜茶里，影响品质。同茶农讲道理，却无助于这种情形的改变，只有通过经济手段来调整，于是决定提高苦茶的收购价格。果不其然，再收上来的茶全部都是苦茶、甜茶分开的。这真是一种洞悉世事、人情练达的好方法。买回来的苦茶根本无人问津，全都存放在仓库里。面向市场推广的主要是当时人们普遍认为品质更好的甜茶。可是后来，人们忘记了初衷，加上苦茶开始流行，形成了新的局面，自此苦茶始终贵过甜茶。至此，勐宋苦茶的谜团终于解开。实地走访寨子里的茶农发现，今春市场行情疲软，价格下降的古树甜茶大都已经售卖得干干净净，留在手里的大都是一些价格高的苦茶，但没什么量，这从侧面印证了黄宗全先生的说法。

2016年春天，赶在清明前，从西双版纳州景洪市出发，经勐龙镇，直奔勐宋村。坐在先锋寨相熟的茶农家里，又一次喝到了苦而不化的勐宋苦茶。正值头春古树茶开采的时节，整体来说天气条件尚好，所历大多山头的古树茶再一次攀上品质巅峰，直追品质最好的2012年春季茶。

可是自顾痴迷于勐宋苦茶强烈风格的人们，浑然不知错过了尚好的勐宋古树甜茶。一年又一年，四度到访勐龙镇勐宋村，每每执念于勐宋苦茶，都是先行泡饮苦茶。经受过苦茶强烈刺激的嗅觉、味觉几乎已经丧失了对甜茶细腻恬美香韵的感知能力，白白错失了一次又一次认知甜茶的美好机遇。等到我们自己醒悟过来的时候，已是经年。

2017 年 3 月下旬，从老曼峨寨子下山，夜宿勐海县布朗山乡，在沉沉的梦里恍惚间寻找到了心仪已久的古树茶韵味。清晨在婉转悠扬的鸟鸣声中醒来，心下猜想，难不成这预示着我们终将与错失已久的勐宋古树甜茶真正相识吗？

驱车沿着勐海县布朗山乡前往景洪市勐龙镇的乡道一路飞驰，道路两旁时不时可以见到云南西双版纳布龙州级自然保护区的标牌。行政区划将勐龙与布朗山分作两地，却无碍于自然将其紧密地联系在一起，难怪云南山头茶专家林世兴老师将两地的山头古树茶统称为布龙片区。以亲身经历验证，这还真真是恰如其分。

来到勐宋村大街上，第一次认真打量这个位于高山上的坝子，感觉既熟悉又陌生。等了没多久，接我们的茶姑红英就笑盈盈地站在了面前。2012 年第一次到访勐宋的时候，她还在景洪城里打工，待到 2014 年我们二度前来的时候，她已经回到寨子里接替起了父亲采茶做茶的活计。这个勤奋好学、精明能干的姑娘在 2014 年勐龙镇勐宋村古树茶大赛中还收获了一个奖项。而今她已经嫁做人妇，并有了一个可爱的宝宝。

将孩子托付给家人照看后，红英带领我们一行开车前往曼加脚——中文唤作红星寨，与先锋寨一样同属于勐宋村委会管辖。车行到水泥路的尽头，我们下车后找宽敞的地方将车尽量靠边停放。山路狭窄逼仄，久走茶山的我们已经养成了为他人着想的习惯，与人方便，自己方便。

足足走出了几公里之后，我们终于见到了连片的古茶园。也许是地近景洪的缘故，勐龙镇勐宋村的古茶树开采期早于临近的勐海县布朗山，即使今年遭逢了异常的气象条件，这里似乎也没有受到太大影响。据茶园里的采茶人讲，头拨春茶已经接近尾声了。

回到勐宋街上，红英接上自己的孩子头前带路，依照旧有的习惯把我们带到她娘家去喝茶。寨子的入口处，红色的条幅依然悬挂在那里，那是前不多时龙园号刚刚组织了几百人参与茶山行时挂上的。这隐隐已经成了一种潮流，想必将来定然会有更多的人，为了自己所喜欢的古树茶，踏上寻茶的路。

伴随古树茶市场的热络，外来的文化开始逐渐渗透到这古老茶山上少数民族村寨的各个角落。红英娘家的院里新建了一栋木屋，周遭的花儿开放得正灿烂。凭栏临窗，远山如黛，这果真是品茶的好所在。

　　来得有些晚了，红英自家的古树茶已经售卖一空，据她说：今年勐宋古树甜茶的价格首次超过了古树苦茶！看来经历了十多年的迷思，人们终于认识到勐宋古树甜茶的真正价值，晚是晚了一点，但最终的结局终究让人满心欢喜。

　　品一盏勐宋古树甜茶，细腻光滑的口感，芬芳诱人的香味，山野气韵扑面而来，刹那间，仿佛超然尘外。我们的生活，就如同这茶，有过苦涩，有过甜美，也曾无数次地错过。当我们回首前尘往事的时候，我想我不会后悔，我曾来过，我曾爱过，这缺憾不过是我们平凡人生中的浪花一朵朵。

攸乐山寻茶记

爱上攸乐山，误入桃花源！攸乐，丢落！丢落的古茶山，丢落的古茶园，丢落的茶山民族。寻茶攸乐山，是为那山，那茶，那人，更是为寻回自己丢落的事茶初心！

　　攸乐山，丢落在云南省西双版纳州自然保护区中的古茶山。据世代守护这座茶山的攸乐族人传说：他们原本是入滇平定叛乱的武侯诸葛亮丢落下的兵士的后裔。他们宣称是孔明先生教会了他们种茶、制茶，千百年来以此为生。

　　我们无从获知传说的真实性，却增加了对攸乐人与攸乐古茶山谜一样身世的好奇！直到晚近的岁月，丢落的攸乐人，才有了法定的族称，他们被唤作基诺人，山也被唤作基诺山。

　　而我自己，宁愿相信精研古六大茶山历史的乡土学者高发倡先生的观点：攸乐人如同爱尼族人一样，原本都是哈尼族的一个分支。同样的族人，同样的茶山，却有了两个名字。痴迷古六大茶山古茶的茶人们，仍然秉承传统习惯，亲昵地将这座古茶山唤作攸乐山。

　　2012 年 4 月份，从易武驱车返回景洪，行至勐仑，在没来得及更新的导航的指引下，沿着 213 旧国道进入了西双版纳州自然保护区内，待到发现导航错误的时候，大家已经完全沉醉在热带雨林旖旎的美景中了，舍不得回头走新路，于是放慢了车速，打开车窗，一任清凉的林风拂面，畅快地呼吸着高富氧离子的新鲜空气。绝少有人涉足的路上，满是金黄色的落叶，伴着车辆驶过卷起的风飘扬着，宛如蝶舞翩跹。

车行三十多公里后，道路两侧渐次出现别具风格的民居，在一个转弯处，一眼瞥见路边牌子上的两个大字：亚诺。于是惊喜万分地大叫了一声，忘了自己尚且在车上，猛地起身，脑袋重重地撞到了车顶上，惹得一车人大笑不止。待大家搞清状况，无不欢欣鼓舞，将车辆停在路边，入寨上山寻找古茶园。言语不通，连说带比画，总算是搞清楚了古茶园的路径。

　　虽说在书本上也曾看到过，更曾听人不止一次述说攸乐山古树茶，当自己身临其境，还是感到万分新奇。这个名叫亚诺的村子，当地人唤作龙帕，寨子后面的茶山上保留了攸乐山最为完整的古茶园，连片的面积足有数千亩。连年的干旱，山上的古茶树在热带阳光的暴晒之下，耷拉着被过度采摘后留下的稀疏的叶片，看上去让人既心痛又惋惜。随着古树茶市场的逐年火热，这些古茶树大都遭受了被掠夺式采摘的状况，命运堪忧。从山脚下沿着茶农踩出来的小径，一路爬上山顶。边走边仔细观察，古树茶园中有高比例的紫芽种，由此在原料上赋予了攸乐茶与众不同的奇异香气。也正因如此，攸乐古树茶有着较为明显的苦涩味。这与紫芽种的鲜叶中花青素的含量高不无关系。众多的古茶树大都被砍伐过，这是 20 世纪 80 年代初特定历史时期的产物。在当时茶树栽培学的理论指引下，为了提高产量，大量砍伐古茶树被当作一项重要科技成果来推广。眼前的这座山上的古茶树，大都没有逃脱被砍伐的悲惨命运，并且留下了一个特定的称谓：砍头树。比起未经砍伐、保存完好的古茶树，砍头树市场价值低了不少。让人止不住喟叹：为了眼前利益，铸成几乎无法挽回的大错。科技本身的局限性不可不察，这种惨痛的代价，足以令人警醒。

2013年3月份，再次到访攸乐古茶山龙帕大寨。当我们从山上的古茶园里归来，发现同行中有人早就按捺不住心中的激动，下手收购了五十公斤毛茶，说是古树茶。仔细审评后发现并非如此，汤色混浊，香粗且短，滋味极苦涩，停留在口腔中长久不化，回甘微弱，笃定是小树茶充古树茶。但木已成舟，不好再说什么。回去的车上，以此作案例警示众人。在经济大潮的裹挟之下，许多茶农早已经化身为精明的商人，这虽然听起来有些残酷，却是事实的真相。

　　2014年4月初，再赴攸乐山亚诺村，早先外出访茶时扭伤的脚踝，因为访茶行程安排紧密，迟迟停不下来休养，一直没有痊愈。待其他人往龙帕古茶园探访的空当，我顺便转入了路边一家茶农的初制所。或许早就对似我这般背着相机的游客见怪不怪了，忙着做茶的一对中年茶农夫妻一刻不曾停下手中的活计，一边忙活一边断断续续闲聊几句。山上背下来的一袋又一袋古树鲜叶，经过短暂的摊放之后，手工锅炒杀青。由于设计不合理，燃烧柴火形成的浓烟被房顶阻隔，倒卷进入杀青锅中，结果势必会造成毛茶有烟气。大批量的小树茶则完全采用机械加工，滚筒杀青，机械揉捻。烧柴的杀青机形成的滚滚浓烟弥漫在房间内，满屋子都是呛人的烟味。早前普洱茶专家杨中跃老师曾介绍过：攸乐山的茶因为初制工艺粗放，极大地阻碍了茶质提升，影响了价格。

　　2015年4月份，从景洪出发途经攸乐山计划前往易武，在亚诺村，一场不期而遇的大雨从天而降，夹杂着电闪雷鸣，我们只好躲在路旁茶农家里避雨。主人家受到惊吓的狗狗跑过来蜷缩在我脚边瑟瑟发抖，我轻轻拍打抚摸着它的脑袋，它慢慢安静下来。不多时，电停了。我们望着屋外的大雨一筹莫展。主人似乎看出了我们的顾虑，笑着安慰我们："这个季节（旱季），雨下不了多久，最多半个小时就停了。"果真，二十多分钟后，雨势变小，然后停了下来。正打算辞别主人继续前行，被主人拦了下来："先喝杯茶，等等看，如果有大车来回经过，路才是通的。"于是烧水泡茶，惊异地发现，这茶入口虽涩显苦强，但化得极快，回味甘甜，香气弥高。于是急急询问，答案令人有喜有忧，喜的是尚还有一点，忧的是量太少只有几公斤而已。带着意外的收获上路。曾经让人觉得美不胜收的热带雨林公路，满地落叶一片狼藉。道路两侧被风吹断的高大树木随处可见，热带风雨的破坏力可见一斑。往勐仑方向，时时看到对面开过来的卡车停在路边，随车的三位体魄强壮的男司机合力将倒伏在路面上的树干推向一边。回想攸乐茶农的话语，让人既感动又钦佩，这才是生活的智慧。

2015年秋天，结束易武的访茶行程，前往此行的最后一站攸乐山。无意间听到益木堂堂主王子富先生打电话，对方说："我正要出门！"王工说："你赶快回去！"挂了电话才知道，对方正是亚诺村茶农中的

能人。在这风轻云淡的日子，再次穿越西双版纳州自然保护区，还是让人心情倍感舒畅。跑熟的山路也不再遥远。中午时分到达龙帕，茶农早已经在路边等候大家的到来。吃饭前先喝了一道茶，大木板做的茶台，转圈坐了十多个人尚绰绰有余。茶农指着墙上说："有Wi-Fi，密码在这里。"想着要上山，春天晒伤的惨痛教训让人心有余悸，于是开始提前涂抹防晒霜。茶农过来说："喝茶，抹这个不好嘛！"闲谈中得知，这个只上过小学一年级的茶农，每年六七月份全国各地到处拜访客户，这还真是让人佩服得紧。午餐后，大家准备上山去看古茶园，茶农于是特意换上了基诺族的民族服装。还招呼大家："衣服多得很，想换的都换上，拍照好看。"果然是见过世面的。他一路领着大家在茶园里探看，边走边讲，忽而兴奋起来，宣布道："下次你们来，换上我们的民族服装，自己采茶自己炒，做好了都拿走，不要钱。"完了接着补充："采

多少都不要紧，采得多是自己的本事，我绝不反悔。"一低头看到大家的裤上子挂满了各种棘蒺，马上提醒大家："手机拍下来，发微博，发微信。"多年来行走茶山，如此智慧的少数民族茶农，懂得充分利用现代自媒体，时刻不忘做宣传，还真是第一回碰上，让人大开眼界。

2016年春天，第六次登临攸乐古茶山。古茶园掩映在雨林中，偶有鸟鸣宛转。带着我们上山的大哥，一路走来一路歌，歌声高亢！想起来时路边墙上刷的标语：唱好一首歌，跳好一支舞，学好一幅画，学说一句话。这是否意味着这个人口不多的民族已经如同他们的祖先一样，再次丢落了呢？

2017年春天，第七次到访攸乐山。213旧国道整修一新，这是历年来路况最好的一次，车少路平，进出攸乐山的心情都舒畅无比。到了亚诺，习惯性先到茶园中去探看。随处可见采茶人。探问今年的鲜叶行

情，站在茶树上的茶农笑着说："今年茶树鲜叶发得迟，发得也不多，好几个厂家来抢购鲜叶。200 元、300 元、500 元，甚至上千元一公斤的鲜叶都有！"比之往年，这个鲜叶的价格上涨幅度真是不小！回到茶农家里喝茶，问了毛茶的报价，比去年上涨了 40%，比之 2012 年，则上涨了 400%。今年名山古树茶的行情，在少雨、低温导致减产的情况下，一线名山头中的热点村寨逆市上涨。最近几天，接连几个晚上的夜雨滋润，茶树才堪堪进入采收期。这样的价格，或许是量少导致茶农有了惜售的心理吧！

　　长久以来，江内六大古茶山中，一直对攸乐山的茶不曾太在意。早年茶农响应政府的号召，山上的古茶园大都砍过，被称作砍头树。茶经瀹泡之后，入口带涩，回味青苦；香气虽高，却并非愉悦；实在是让人不怎么喜欢这个味道。直到后来，与益木堂堂主王子富先生共赴攸乐山，漫不经心地端起一杯茶，浅浅地啜了一口，苦味迅速在口腔中化开，回甘生津迅猛；细细嗅闻，一种芬芳馥郁的果香沁人心脾。心下暗自叫声：惭愧。每每当我们以为自己已经了解一款茶的时候，它总会展现出不同的另一面，真真是每个山头茶原本都有极好的，只是有没有机缘遇上罢了！

　　一路走来，满满的行程，满满的收获。我们在寻茶的过程中，也在一次次内省，重新认知自己。来年的春天，重走这古六大茶山，那山，那人，那茶，又会有什么样的惊喜等待着前去探访的人呢？

革登正山寻茶记

每次都是在刚刚离开的时候就开始想念，想念那刚刚跋涉过的山水，遇见的茶人，觅得的或错过的好茶！让人留下失落与喜悦最多的地方，就是古六大茶山中的革登正山！

　　最早对革登茶山留下印象，来自于文献的记载。乾隆元年（1736）《云南通志》里就记述普洱府的茶产于攸乐、革登、倚邦、莽枝、蛮砖、漫撒六茶山。这就是备受人们称颂的古六大茶山，也唤作江内古六大茶山。革登茶山位列其中。文献中还留有寥寥数语："革登茶山有茶王树，至今犹存，夷民犹祀之。"古老的茶山，苍老的古茶树，依茶而生的少数民族，独特的风俗习惯，还有引人入胜的古树茶，令人无法按捺住内心强烈的渴望，想要早一点实地探访寻茶。

　　早在 2011 年春天，就与昆明事茶的好友，紫荷观月的主人李洪先生造访了云南省西双版纳州勐腊县象明彝族乡。时隔多年后的今天，仍然记得初入象明乡，站在街道的入口处，那入眼时的第一印象：这哪里像是一个乡政府所在地的街道？分明就是一个荒僻的村落呀！住宿的地方，就只有一个简易的招待所，更不曾有略微像样的饭店了。大白天街上就少有行人，甫入黄昏街道上便再无行人的踪迹。入夜后窗外溪水潺潺，躲在幽暗草丛中的昆虫的鸣叫声声声入耳。伫立窗前，心下暗自猜想：难不成这有清一代入山采茶数十万人的古老茶山，历经战乱、瘟疫、灾荒的重重劫难，已经彻底湮没无闻了吗？

　　在这古老的山乡，语言不通，驱乘的轿车也不允许我们以身犯险，于是在到访了曼庄、曼松之后，怀揣满腹的失落匆匆离开了。当时根本没有料想到，再次的故地重访已是数年之后的事了。

此后数年，连年到访云南，车辆、人员、时间、精力，总是有这样或者那样不尽如人意的牵绊，未能如愿早点到访倍极渴望前去探访的革登茶山。每每排解内心深处执念的时候，就在勐海约上益木堂堂主王子富先生茶叙。先生仿佛能够洞悉我内心隐藏的心事，每每拿出珍藏的上好革登古树茶共同品鉴，讲述自己在革登寻茶的种种趣事。这种极具风格的革登古树茶，只能暂且消解内心的焦灼，过后反而更激发了我前去革登访茶的热望。

　　2015年春天，我们驱车前往革登古茶山，从象明街出发，过了安乐村委会，石子路消失了，只剩下沙石路，没有路标指示牌，连行人都没有一个，想要找个问路的人都不可能。好在一行人中，马博峰老师在2014年12月份的时候，随益木堂茶山行来过一次。即便如此，还是在岔路口迷失了方向，不得已打电话向王子富堂主求助。我们只能在电话里向王子富堂主描述："车子停在沙土路面的山梁上，边上不远处有电线杆，上面刷有'直蚌'的字样。"王子富堂主不假思索地指引我们往前走，岔路口往左拐是新发老寨，往右拐是直蚌寨子。往前走没多远，果然如此，直叫人对王子富堂主佩服得很。在这荒凉的山野中，连导航都彻底迷失了方向，隔空指路的王子富堂主仿佛就在我们身边一样，足见其对道路的熟悉程度已经到了了然于胸的地步。

　　左转驱车上路，数公里之后到了新发老寨。在一个山坳里，散落着几户人家。寨子边上有个林业局的观察站，算是这里最像样的建筑了。革登古茶山连片的古茶园，最集中的就数这座寨子的周围。顾不上2014年春天在杭州访茶时意外扭伤的脚踝，我一瘸一拐地往古茶园里走去。年轻人早已经欢呼雀跃着没入了古茶园的深处。刚进入到古茶园，受伤后一直未曾恢复的脚踝变得异常肿大，心下知道这是再不能往前走了。索性坐在古茶园里四下张望，附近的采茶人身手矫健，正攀上树去采茶。于是有一句没一句地聊天。当询问起古树茶当年的行情时，年轻的采茶人用生硬的普通话磕磕巴巴回复："今年的茶已经都有主了，钱都付过了。想要的话，要先付定金，有待来年了。"

我们不死心，回到直蚌寨子里，挨门寻觅，结果让人无比失落——留下的大都是小树茶，古树茶价格不菲，而且早售卖光了。在一户茶农家里，碰到了一位来自广州的茶友余少波先生，同行的还有两位家在曼庄的姊妹丰云红与丰云梅。或许是签购了这户茶农家的茶，茶农一家都躲在一边不肯照面。余先生给我们一行泡了革登古树茶来喝。终于有机会亲历了革登茶山，还喝到了上好的古树茶；遗憾的是不得不空手而归。

革登正山寻茶记

　　2015 年春天，访茶行程将近尾声之际，再度奔赴革登古茶山。一场小雨过后，路面变得极为湿滑，三菱帕杰罗越野车在攀爬一个陡坡时，居然死活爬不上去。已经连续二十天的访茶，同行众人已经显现疲惫之相，虽然有人颇不甘心，但为安全起见，还是决定打道回转。车子一路狂奔回到勐仑镇。甫一开进加油站，车子在油箱前自动停了下来。开车的周杰立哈哈大笑，原来是车子的油箱已经彻底干了，自动停下来了，这让一车人全部惊出了冷汗，暗自庆幸，得亏没有再冒险前往革登，否则后果不堪设想。虽然是留下了遗憾，大家平安归来比什么都重要。

　　2015 年秋天，随益木堂堂主王子富先生再访古六大茶山，从倚邦出来换了另外一条路前往。隐没在茂密的雨林深处的这条土路，地面湿滑泥泞，开路的柴油发动机四驱双龙越野车几次在我们面前的泥潭里挣扎着爬过去，紧随其后的吉普牧马人、殿后的皮卡车轰鸣着一次次冲了过去。半途中，一辆满载石子的大车挡住去路，原来是大车司机面对车前的泥沟不敢前行。王子富堂主下车查看路况，大车让出了一个车道，我们车队三辆越野车勉强挤了过去。之后大家连叫幸运，若非大车司机保守，倘使大卡车陷入沟里，堵死道路，我们就只有原路返回，今天出行探访革登古茶山的计划势必彻底泡汤。山顶上的路干燥无比，车子驰过后，在这坎坷曲折的道路上灰尘高扬。奔行了两个多小时之后，终于再次到达了革登茶山新发寨古茶园。一身好功夫的王子富堂主纵身跃上刻有"革登"字样的巨石，垂手坐于石上形若菩提，黄杨林手捧相机上前拍照，恰若童子拜师，相机镜头记录下了这趣味盎然的一幕。过后与众分享，观者无不莞尔！

时隔两年之后，不再有上次腿脚受伤的拖累，终于有机会在革登茶山新发寨古茶园里四下游走，心下的畅快自是不必多言。仔细观察，这片茶园显见也是前人所栽，成排成行绝非自然生长。好机会自然不容错过，尽拣肉眼可见的大茶树，一棵棵古茶树围径测量下去，这片古茶园大致的年代，心下大约有了个数。一路抽样测量茶园里古茶树叶片面积，按照教科书上教授的方法，长 × 宽 × 系数 0.7，绝大多数的茶树品种

隶属于大叶种、特大叶种。只是遍寻茶园的各个角落，难觅文献上所记革登茶王树的踪迹。直到后来，与《古六大茶山史考》一书的著者、乡土学者高发倡先生谈及此事，从先生那里获知：茶树王早已不复存在，年深日久，早年高先生亲眼见过的茶树王腐朽后留下的大土坑，今日也已经看不到一点点痕迹了。连带祭祀茶王树的风俗一并消弭于无形。

2016 年春天，从牛滚塘通往革登的道路已整修一新，铺通了弹石路面。习惯性地还是先到古茶园里探看，遇上两位老人家正在采茶。爬在树上采茶的老太太已经七十九岁，真正让人见识了云南十八怪之一的老太太爬树比猴快。她的老伴儿拄着拐杖立在树下采茶。一位原本在采茶的中年男子过来搭话。他是这对老人的女婿。老人育子有方，儿女都事业有成，做公务员的，做教师的，做医生的都有。两位老人却不肯随

儿女进城，宁愿留在这茶山上生活，更不愿意将茶树承包给他人，担心别人不会上心照看他们的茶树。人近中年的女婿，一路尾随我们絮絮叨叨，大约是因为不得不放下手中的工作上山采茶，这显然并非是他所情愿的。大约是觉得女婿一直跟在我们后面闲聊，耽搁了采茶的进度，树上的岳母用当地的方言数落起自己的女婿。我们提出去老人家里试一下茶。随同老人的女儿女婿回到她家茶园边上的家里，重新修葺建造的房屋很是漂亮，可是却连基本的泡茶用具都没有。可见在外工作的儿女无力顾及，老人家也根本就没有这方面的意识。铝壶烧火煮水，用厂家赠送的啤酒杯来泡茶。饮了一口，让人止不住地深深叹息！上好的原料，由年迈的老人家来炒制，终究是力不从心，几乎是废掉了。叨扰半晌，见我们最终也没有买走一根茶毛，转身离开的时候，女婿再次遭到了媳妇的埋怨。

在寨子里转到另外一户茶农家里，只有老人家在，说是当家的女婿去采茶了，这就打电话叫他回来。等待的当口，我们自己泡茶来喝。却是小树茶，入口涩感强烈，有回甘，香气芬芳，仍然具有革登茶独有的风格。年轻的女婿骑着摩托车回来了，跟在身后的还有卖晒茶用的竹匾的商贩。男主人付账的时候，剩下几十元的尾款都付不出来。待其坐定

后向其询价，小树茶居然报出了古树茶的价格。于是毫不留情地杀价，杀掉他报出价格的整数，只给出了零头。同行的人大约从来没有见过这样杀价的方法，全都愣了一下。就在大家都觉得无望的时候，年轻的男主人犹豫了一下，点头答应了。还追着问："还有几匾茶已经晒干了，只是黄片还没有挑，要的话还可以便宜点。"于是索性全部都买了去。后来听闻当地的茶友讲：过去他们在这里设初制所，招工时茶农刚刚领到扶贫补助款，有饭吃就没人肯干活。直到没钱用的时候才会主动上门来找活干。没有料想到，时隔多年，让大家亲眼见证了遗风犹存。

2017 年春天，来到象明乡后，访茶古六大茶山的第一站就选择了革登。在茶园里转了一大圈，连续几个晚上的降雨，古茶树已经开始萌发，到处都是采茶人。一位年轻的妈妈站在树上采茶，一双儿女也趁节假日过来帮忙，儿子 15 岁，女儿 13 岁，一个个采起茶来非常熟练。与妈妈攀谈得知她今年 36 岁，还是希望自己的孩子好好读书走出这大山的。她感叹道："还是城市里好，有雾霾也是城市里好！"城市化进程的浪潮，已经波及这偏远古老的茶乡。

今年春天的茶才刚刚发出来，价格还没有出来。来此收购鲜叶的厂家，都是暂且记账，待价格稳定后随行就市。这里的茶农，大都售卖鲜叶，这恰恰是从自身出发，最为稳妥又有收益保障的选择。"价格肯定会比去年贵一点！今年茶发得晚，量太少了嘛！"忙着采茶的茶农笃定地告诉我，一刻也没有停下来手中的活计。

远处山巅乌云压顶，大有山雨欲来之势。清明已至，头春古树茶接近尾声。就要告别革登茶山了，有收获，有失落，在喜忧参半中再次离别。寻茶的过程中总归是有缺憾的，就如同我们生活的这个世间被称作"娑婆世界"，意思是"有缺憾的世界"。不完满也是一种美，会吸引我们再度到来！

回首前尘往事，自2011年迄今，连年到云南访茶，我曾不止一次地叩问自己的内心：究竟是什么吸引着我们不辞辛苦，一次又一次跋涉千山万水入山访茶？我们把目光投向历史的深处，遥望千年以前的茶圣陆羽躬身垂范，历数十年之功，行走全国茶区，铸就了一部不朽的经典《茶经》，万古流芳；而今的我们，只不过是追慕先贤的风范，见贤思齐。即使自己是一朵米粒般的小小苔花，也绝不自怨自艾，而要如国色天香般的牡丹花那样骄傲地绽放！

莽枝正山寻茶记

云南的大山，给人最为深刻的印象，就是一种桀骜不驯的野性之美。位于滇南的西双版纳州勐腊县象明彝族乡的莽枝古茶山，恰如其名，正是云南茶山性格的写照！

　　从象明彝族乡出发，往勐仑方向十多公里，然后转向通往安乐村委会的盘山公路，曲曲弯弯盘山而上，数十公里的乡道，全程都已经铺好了弹石路面。只是没几年的光景，名山古树茶给这个地处僻远的山村带来了滚滚财富，茶农们纷纷修造房屋。大车小辆来往碾压，路面不堪重负，很快又恢复为破烂不堪的旧面目。

　　山路崎岖且又狭窄，导致交通事故频发。今年春天，我们去往莽枝茶山的路上，亲眼见到四个姑娘开的一辆四驱的吉普越野车为了避让对面的车辆，陷入路边的泥沟，好在几经努力终于脱身。而另外一辆运输建筑材料的大卡车就没有这么好的运气，下雨导致路边泥土塌陷，车辆交会的时候，没有能够保持好平衡，整个翻进了深沟里，只有等待救援。

　　有一种说法：在云南只有会开车的司机才算是合格的司机。听上去像是一句玩笑话，实际上确实如此。每每出行云南，团队里第一重要的就是拥有丰富山地驾驶经验的老司机，这是最为重要的安全保障。入云南访茶，租车的时候，来自东北沈阳的姑娘知佳说："选沃尔沃吧！安全！"来自河南郑州的解伟涛笑着说："安不安全，主要看司机！"此诚肺腑之言。饶是如此，从2011年入云南访茶至今，连续七年间春秋两季入山访茶的经历，让我们从无知无畏的满山疯跑，到如今谨慎地再三优化路线——终究人的安全才是最要紧的。

莽枝茶山、革登茶山同属于象明彝族乡安乐村委会管辖。有清一代已经伴随普洱茶名播天下的古六大茶山，历经劫难后的惨痛记忆一定是深深地烙印在心中。私下猜度，生活在古茶山上的人们，一定无比渴望过上安稳快乐的生活，所以才会有了安乐村的名字吧！

　　劫后余生的莽枝茶山、革登茶山，古茶园的分布范围广阔，却少有连片成林的，加之地广人稀，被划分在了同一个村委会的行政管辖之下，以致人们留下了莽枝茶山、革登茶山是小茶山的印象。为此，曾专门请教于《古六大茶山史考》的著者、乡土学者高发倡先生。高老师显然对此并不认同，而是用一贯幽默诙谐的语言反问："就像莽枝古茶山，宽十五六公里，长三十多公里，这样的茶山还算是小茶山的话，什么样的茶山算是大茶山呢？"想想也是，通常人们会把自己浮光掠影的印象误以为是全部，而那不过是个小小的局部罢了。

莽枝古茶山留下来的古茶园，分布于安乐村委会行政管辖之下的
各个寨子，古茶园最为集中的寨子是秧林村。生活在富足时代的人们
才有闲情品茶；而生活在传统农耕时代的茶山上，茶是人们赖以换取
安身立命生活物资的根本。民以食为天，比之于茶，更为重要的是粮食。
想来，秧林寨子的名字，才是莽枝茶山上的人们内心深处所想要的。
直到今天，生活在茶山上的人们，几乎没有足够的可资养家糊口的粮田。
除了茶园以外，就是橡胶林。日常生活中的粮食、蔬菜、水果，都是
从走村串乡的流动商贩手里买来的。自家也会饲养牲畜、家禽以供食用。
比之于肉蛋白，蔬菜更为稀少。所以在茶农的眼中，许多植物都是可
以用来食用的，比如芭蕉花、芭蕉心，还有杉松的嫩梢，以及一种不
知名的树上盛开的白色花朵，都可以作为蔬菜食用。行走茶山，茶农
给来人最热情的款待就是管饭，上桌的蔬菜能多几个花样，足以表达
内心的热忱。一饭一菜，在茶山上来得尤为不易，这是许多外来的人
所不知道的！时时可以见到，有些人囿于自身的无知，辜负了别人的
一番心意。

2015 年春天，第一次到访莽枝茶山。若非是同行的马博峰老师曾参加过 2014 年秋天益木堂组织的茶山行，到过莽枝茶山，我们很有可能就会开车一路跑过去，浑然不会觉察到，我们日思夜想的莽枝古茶园就位于道路的两旁。在马博峰老师的指引下，大家将车辆停放在路边，深入到古茶园里去探看。与未曾到过古茶园之人的猜想不同，古茶园里并非全部都是百年以上的古茶树。而是古茶树、老茶树、小茶树混生，共同构成了一个完整的生态群落。其中最为珍贵，也最为稀少的就是古茶树。我们曾经拜访过的一位当地专家告诉我们：早些年做古茶树普查的时候，每亩古茶园里的古茶树平均在 200 多棵。最近几年的调查显示，每亩古茶园中古茶树的平均数量已经减少到了 80 多棵。听闻这样的结果，是爱茶的人们极为痛心的。茶树并非全部都会如人们所愿，能够生命之树长青，而是伴随着树龄的增长，由于自身的衰老、病虫害的侵袭，甚至于被掠夺性开采，不断消亡。近年来行走云南古茶山，早先还会发现在古茶园中枯死的茶树，后来反而见得比较少了，明显感觉到茶园里的古茶树变得稀疏了。近年来古茶园中补栽的小茶树增多，想来是清除了枯死的古茶树，并有意补栽上小茶树的缘故。

　　2015 年秋季，参加益木堂主办的古六大茶山行，在益木堂堂主王子富先生的带领下，又一次来到莽枝古茶山。经历过雨季的茶园杂草丛生，来自陕西省西安市的艺术家赵文亮先生一不留神滑倒在草丛中，可他仍然快活地哈哈大笑着。

2016 年春天，再赴莽枝茶山，在秧林寨子的古茶园里，遇上一对茶农夫妇，正手持木棒奋力打茶果。询问得知：茶树上结太多茶果的话，会耗费茶树过多的营养成分，影响茶树新梢生长。

在茶园里四下游走，爱茶姑娘们年轻的脸庞，在夕阳余晖的映照下，闪现出动人的光泽。古茶与佳人交相辉映，别有一番风情！

2017 年春天，又一次来到莽枝古茶山。曾经为了寻找到令人心仪的古树茶，我们拖着一整箱全套的茶叶审评用具上山，令茶农大感惊诧，但结果却不尽如人意。直到有一次，与《云南山头茶》一书的著者林世兴老师聊天，林老师一语惊醒梦中人："不要试图去教育茶农，没用的。有个老板叫一个茶农去采单株，从大茶树上采茶下来，发现下面的小茶树也发了，顺手采下来扔进篓子里，都习惯了。把老板气得跳脚也没用。

最好是选一片茶地包下来，先让他们把小茶树都采光了，接下来再采大茶树。没有小茶树可采了，都是纯纯的大树茶原料。"听得我们几乎笑出了眼泪。事实上就是如此。这哪里是坐在书斋或茶室里坐而论道的人们所能想象到的呢？

　　常常会遥想千年之前的茶圣陆羽，有人说他是骑着一头脑袋雪白、通体黝黑的牛，古人称作白颅乌犅，晃晃悠悠地一路走，一路寻源问茶。茶圣陆羽生活的时代，正处于云南地方政权与大唐中央政权军事对峙的时候，所以才会留下了遗珠之憾——陆羽终其一生都没有能够踏上云南这片茶的乐土。相较于茶圣陆羽，现代人何其幸运？飞机、高铁、汽车，便捷了不知道多少倍。而囿于自身认识不足，以为足不出户便可以知晓山上茶事的人们即便是托了现代交通便利的福，赴云南茶山考察的时候，还是会感叹：比之于茶圣陆羽亲身垂范细致入微的观察，我们还是走得太过匆忙了呀！

　　千年以前，历数十年之功著就《茶经》的茶圣陆羽，根植于传统儒释道文化，开创了古典茶学私学教育的先河。儒家的游学、道家的云游、佛家的行脚，名异而质同。现代以茶为业、依茶为生、专事教育的人们，入山访茶并非是今日的创见，而是承继先贤的遗风！

　　20世纪30年代，学贯古今的吴觉农先生著就《茶经述评》一书，开创了现代茶学官学教育的先河，被誉为"当代茶圣"。茶学高等教育背后的主体是源于西方的科学，而科学的终极目标乃追寻真理！根植于中国传统儒、释、道文化的茶文化，注重"知行合一"，践行"纸上得来终觉浅，绝知此事要躬行"的人生信条。立足于西方现代科学思想的茶科技，同样要注重"理论联系实际"，同样要经得起"实践是检验真理的唯一标准"的原则。

你上不上茶山，茶山就在那里，历经沧海桑田、岁月变迁，不悲不喜！茶原本是源于自然的一种植物，爱它就去寻找它吧，去揭开这神奇植物的终极奥义！

我敬爱的师长郭孟良先生，在其所著的《游心清茗：闲品茶经》一书的结尾寄语众人："寻茶路远，你我皆是匆匆过客！"愿爱茶的你我共勉！

倚邦正山寻茶记

长久以来，倚邦正山一直雄踞古六大茶山之首。"吃倚邦，看曼松！"相比谜一样存在的曼松，倚邦更是普洱茶荣辱悲欢的鲜活历史见证。

　　闲来泡一盏倚邦正山古树茶，才只入口，顿觉一饮倾心，相见恨晚！于是开始热切地盼望能早日到倚邦茶山去看看。

　　倚邦正山，现在位于云南省西双版纳州勐腊县象明乡境内。曾经荣居古六大茶山政治、经济和文化中心的倚邦老街，历经了风风雨雨的洗礼，依然岿然屹立在那里，只是近几年间，伴随着普洱茶市场的热络，历史长河中留下的痕迹正在被快速地抹去。2015 年秋天还依稀可辨倚邦老街的旧有面貌，2016 年春天再来，已经快要沦为一片建筑工地。2017 年春天，倚邦老街已经旧貌换新颜。只有街道上的石板路依旧，老房子纷纷消失。面对茶山上苦了多年的茶民，我们没有资格指责他们推倒旧房盖新楼的行为。毕竟我们都是茶山上的匆匆过客，而他们却要年复一年、日复一日地生活在这里。走过倚邦老街，旧日的风俗习惯犹

存。有人家请客，就用粉笔直接写在门板上，这个是我见过最有趣的邀请函了。

　　原先，倚邦茶山的行政区划为倚邦村公所的一乡，曼拱村公所的二乡。后来全部并入倚邦村委会。现在的倚邦正山，主要是倚邦村委会下辖的各个村寨，大都有古茶树，只是以往都掩藏在森林里，如今渐渐地被清理出来，一位茶农这样告诉我。

　　每到一山，习惯性地先到茶园里去走走。人会骗人，茶树不会骗人。不独倚邦，我所亲身经历的各座茶山，茶园里都能看到令人心痛的现象：被剥掉一圈皮的树木，任其枯死；或者干脆用斧头砍掉，用锯锯成一截截的。时间久的，一脚踩上去顿时腐朽，晚近的，尚且可以看到刀砍斧凿的印痕。苦久了的百姓，能有一个找钱的门路，就唯恐一朝失去。所有被认为有碍茶树生长、产量增加的树木都难逃厄运。由象明街通往倚邦的路上、车行在林荫道里，树木上时时可见各种宣传牌："严禁侵占国有林，严禁在国有林种茶。"原本由民族信仰维系的社会结构，正在迅速土崩瓦解。这加剧了古茶园生态环境的退化。面对这样的局面，作为到访者的我们无能为力，唯有祈愿，这茶山莫要再陷入盛极而衰的循环。人与自然的和谐相处，才是生生不息的王道正途。

2016年春天，游走在倚邦村委会曼拱小组的古茶园里，特大叶种、大叶种、中叶种与小叶种一应俱全，这在云南的古茶山上十分罕见。特别是一种被茶农称作是"猫耳朵"的小叶种，多有被西双版纳州挂牌保护的古茶树。《古六大茶山史考》一书的著者，老家在倚邦习空寨子的高发倡老师开玩笑说："就是那种不被承认的普洱茶。"这其实说的是普洱茶国家标准规定的原料是云南大叶种，自然小叶种是不被承认的。茶农这样评价："这种茶只能采下来一小点，茶条小小的，样子丑，不好看。"要知道，历史上声名显赫的倚邦中小叶种贡茶，就有这种茶，量少又极珍贵。在茶园里，亲眼看见茶农将这种茶单独采摘。倚邦正山

的古树茶，猫耳朵价格高企，难得一见。在高发兴的茶叶初制所里，喝到了这种倚邦小叶种古树茶。轻手泡的茶汤色泽晶莹剔透，入口似乎无味；重手闷泡，苦强涩隐，回甘迅疾而持久，弥漫于整个口腔，唇齿回甜；香气空灵，恰如空谷幽兰，非心静不足以体察其曼妙！直叫人一咏三叹！

2017年春天，再赴倚邦茶山曼拱古茶园，遇上一位采茶的农妇，远远地同我们打招呼："你们买茶叶吗？"由于已经收到了心仪的古树茶，同行的田丹姑娘笑着说："我们是游客，就是来茶园里照照相。"每每用这种方法婉言谢绝茶农见人就想拉客的行为。没有料到，采茶的农妇没好声气地冲我们道："不买我家的茶，不许拍照。"我们于是默默地转身离开了。曾经，这古老的茶山贫穷而落后，却民风淳朴；短短数年间，名山头古树茶的兴起，给茶农带来了滚滚财富，与之如影随形的是人情的冷漠，不复当年和睦相处的景象。先贤老子有云："祸兮福之所倚，福兮祸之所伏。"福祸相转化，似乎将再次在这古老的茶山上上演。在经济浪潮的碾压下，这似乎是一种无可避免的悲剧命运。

2017 年春天，在倚邦老街遇上了当地的茶农陈春明，他主动提出来带我们到自家的古茶园去转转。虽然来了倚邦老街多次，还是第一次到老街附近的古茶园。穿过老街，走过小巷，沿着田间地头的小径下到古茶园里。昨天晚上一夜大雨，茶园里湿滑得紧。果如陈春明所说："前期气温低，天气干旱，茶树一直不发。最近几天，又连续几个晚上都下了雨。再过上十多天，才可以采摘。"茶园里的古茶树大都被砍伐过，抽样测量残留的古茶树基干围径，大的在 80 厘米以上。茶园里分布有极高比例的小叶种古茶树，茶农习惯上管它叫细叶种，也有的将其亲昵地唤作"猫耳朵"。只是近年来，价格愈发昂贵，常人愈发难睹其真容了。

在倚邦一户茶农家里看茶，夫妻俩忙着炒茶、揉茶、晒茶。两个女儿在旁边玩耍，大的 6 岁，原来在景洪上了两年幼儿园，因离得太远，接送太过辛苦，于是接回到象明乡里上幼儿园，明年就该上小学了。小的才 1 岁 3 个月，非常活泼可爱，妈妈炒茶的时候，站在矮凳上踮

起脚尖瞪着一双大眼睛看着。爸爸在揉茶的时候，又跑过来抓起一把茶叶，学着爸爸的样子抖散。一转眼工夫，又跑到院子里去玩了。姐姐时时陪伴在妹妹身边，亲昵而温馨。

从象明乡到倚邦老街再到曼拱，二十多公里的山路，上下一趟，总要一天的时间。似这般每日的茶山行程，已是经年。

云南寻茶，路途艰辛，非亲身经历，不足以体察入微。所以笑对友人说：表面风光，内心沧桑。如此艰辛的寻茶历程，为何还要一次次跋山涉水，往返在上山下乡的寻茶路上？我反复地追问自己，除了我们依茶为业，还有什么？我想：或许这也是在磨砺自己的心路历程。

蛮砖正山寻茶记

长久以来，我都在反复地追问自己：蛮砖茶，到底好在哪里？

　　"六山之茶，以倚邦、蛮砖味较胜！"古书中对古六大茶山中的蛮砖茶评价之高，可见一斑！

　　最早接触到的云南名山茶，一个是易武，另一个就是蛮砖。2011年4月，与好友李洪同赴西双版纳州勐腊县寻访古茶山，抵达的第二座茶山就是蛮砖。傣历新年过后，4月的太阳，正如同《古六大茶山史考》的作者高发倡老师所说的那样：辣！晒在皮肤上火辣辣的，生疼。在象明乡曼庄大寨，一位老人用童车推着自己的孙子就站在太阳底下。我百思不得其解，难道是为了让尚且不会走路的孩子早些适应吗？

　　在一户茶农家里，看到他们一家正忙活着压制茶饼，随口询问："有蛮砖的大树茶吗？"主人用半生不熟的普通话告诉我们：只有架子上面晾着的那一片一公斤重的大饼是蛮砖茶山的古树茶，其他的茶都是从别处拉来的原料。当时要价1000元的大饼，下意识觉得有点贵，犹豫了一下，最终还是没有下手。很久以后，当我重新认识到蛮砖茶山古树茶价值的时候，每每想起，都懊恼不已。

　　在当时的蛮砖茶山曼庄大寨，既没有看到连片的古茶园，也没有见到高大的古茶树，加之当时以为江内六大茶山价格昂贵，于是2012年、2013年将访茶的重心都转移到了江外六大茶山。与古六大茶山相比，新六大茶山连片的古茶园，动辄宣称数千上万亩，每个山头都有茶树王，树龄号称数百上千年，令人心醉神迷。直到 2013 年下半年，闲来无事，拿出一片 2008 年的蛮砖茶山古树茶，撬下一块，漫不经心地扔到壶里，随便泡来喝，只一口下肚，登时怔在那里。茶汤入口，滋味浓醇，甘洌香甜，苦而不涩，入口即化，迅疾回甘生津，从口唇到舌尖再到齿颊，弥沦乎整个口腔内；香气馥郁，幽雅细腻，沁人心脾，芬芳若兰；完全就是《新普洱茶典》作者杨中跃老师所说的山野气韵，强烈持久。回想起益木堂堂主王子富所说：古六大茶山的古树茶，新茶香味清幽，滋味淡雅，存放日久，滋味愈浓。当真行家里手，深有见地！于是，从内心深处再次萌生对古六大茶山的强烈渴望！

2014 年、2015 年、2016 年，连续 3 年，春秋两季，一次又一次重访古六大茶山，愈发爱上了这里的古树茶。尤为喜爱曼庄古树茶。2015 年春天，茶友丰云梅特意带领我们深入蛮砖茶山么莲寨古茶园，终于一窥蛮砖古茶树的真容，喜出望外。没有料想到半袖外裸露的胳膊被一种不起眼的毛毛虫刺了一下，登时感觉到火辣辣的痛。过了一夜，情况更加严重，急忙前去诊治。医生瞟了一眼问道："去茶园了吧？"我点点头，看起来散漫且态度敷衍的大夫，随手包了几包药，又扔了一管药膏过来，嘱咐我：药内服，药膏外用。几天过后，慢慢好转。心下思忖：这也反向证实了这茶园的原生态之好。

  回想起与普洱茶专家杨中跃老师的一次聊天：蛮砖茶山的古茶树，大都生长在森林里，不太容易长得大。我们连年到访抽样测量调查的结果，也证实了这一点。

2016 年春天拜访曾云荣先生，先生也曾提到：同样的品种，生长年限相同，有的长得粗壮，也有的长得纤细。连续这 4 年来春秋两季在古六大茶山各村各寨实地考察，也常听到茶农这样的说法：那个茶树看起来并不太大，树龄却很老，可究竟有多老却很难说得清楚。2016 年春天再访蛮砖茶山各村各寨，抽样测量树围，大的多在 60 厘米以上，多属大叶种、特大叶种。只是听到茶农在喟叹："今年的茶树，疲得很，比往年晚发了20 多天……"

　　2015 年春天，从曼庄村委会么莲寨荔枝园古茶园回来的路上，茶友丰云梅顺手一指："那边就是去瓦竜的路！"顺着她手指的方向，一条蜿蜒的土路伸向不知尽头的远方。隔日，结束象明乡革登、莽枝、倚邦、蛮砖四座古茶山的访茶行程，回程前往易武，路过前往瓦竜的岔路口。想着这是从未涉足过的地方，内心深处燃起渴望，于是仗着胆子驱车前往。才走出数公里，前方乌压压的黑云密布，眼见大雨将至，只得调转车头，与瓦竜擦肩而过。

　　2016 年春天，从易武前往象明，再度路过前去瓦竜的岔路口，天气晴好，于是驱车径直前往。导航在这深山里彻底迷失了方向，不停地召唤我们调头回转。一路走，一路问，终于到了瓦竜，这里是隶属于曼庄村委会的一个村民小组。

　　在一户茶农家里喝茶，热情的男主人听闻我们是第一次到访，主动提出来带着我们去看古茶园。随口问道："有多远？"主人回答："不远，走路半个小时。人多，还是开车吧！"结果我们驱乘越野车开出去40多分钟，接下来又走了半个多小时才走到古茶园。古茶园隐藏在山坳里，若非有人带路，绝难找到这里。即便是经历过砍伐，仍然可以看到残留的树干基部围径粗壮，60厘米以上的四下可见。更为难能可贵的是尚有部分古茶树保存完好——也许是路太远，地处太过偏僻，才侥幸逃过了一劫。

回到茶农家里喝茶的工夫，忽然发现三辆越野车中，有一辆车的轮胎忽然瘪了。关键时候，五位身强力壮的男司机派上了大用场，分工协作换轮胎。这才发现，租来的越野车，居然有一辆的工具不全，这可真是吓了人一跳。如若只有一辆车，在这荒僻的山村出现故障，后果不堪设想，好在有惊无险。

2017年春天，再度到访象明乡蛮砖古茶山。想念瓦竜古树茶的特殊风韵，仗着驱乘的大排量越野车和熟门熟路的老司机，直奔瓦竜。连续7年的云南访茶，数今年春茶时节最为多雨。前几日刚刚下过雨，从柏油路乡道转入么莲寨的弹石路面没多远，又驶上通往瓦竜的土路，一路坎坷泥泞，终于抵达瓦竜，继续前往相熟的茶农家里喝茶。许是来人多了，泡茶的不独有当地的山泉水，茶农还专门备的有矿泉水，而我们还是习惯用当地的水泡当地的茶。古人云："夫茶烹于所产处，无不佳也，盖水土之宜。"说的就是这个道理。瓦竜的茶极富特色，同属于蛮砖茶山曼庄村委会。曼庄、瓦竜的茶风格迥异。瓦竜的茶阳刚，入口苦，回味甜；曼庄的茶柔美，入口甜，回味甜。两种茶原本都是极好的，具有深远的喉韵，强烈的山野气韵！

闻讯从茶园赶回来的主人一身泥浆，勤劳的茶农，风雨无阻，在忙碌的茶季，辛苦采茶、制茶，难有稍许的闲暇。婉言谢绝了主

人带我们前去茶地探看的好意，在这样的天气，留在室内喝茶，好过在野地里看茶，安全总是最紧要的。

站在茶农家的楼顶上四下环顾，这是一个三面环山的小村庄，有趣的是周围都是巨石高耸的山峰，与其他地方绝然不同。伴随古树茶价格的高涨，村子里旧貌换新颜，传统的老房子日渐消失，代之以一栋栋新建的楼房。今年头春古树茶的报价，较之往年上涨了40%，山头茶热度不减，由此可见一斑。

远远望去，远方的山头乌云压顶，大有山雨欲来之势。于是谢绝了主人邀请共进晚餐的好意，召唤众人，匆匆往回赶。行至半路，大大的雨滴就开始敲打玻璃窗。顷刻间，道路开始变得泥泞湿滑，饶是越野车也如老牛般喘着气，艰难地往前跋涉。终于上到了么莲寨的弹石路面，如注大雨瞬间模糊了视线。于是放慢车速，踏上返回象明街的归程。一天，就这样又过去了！

于喝茶来讲，中意就好。苦也好，甜也罢，有回甘的都是好茶。于评茶来讲，香气和滋味乃是茶叶品质的核心和灵魂。于品茶来讲，一山一味，任谁又能不心醉那山野气韵呢？

易武正山寻茶记

易武，普洱茶友心目中的圣地。行走易武，常常会看到来自五湖四海的茶友一张张的笑脸，那是夙愿得偿后的幸福与满足！

　　古六大茶山中易武崛起得最晚，却尽得六山风流。易武老街上的背影已经远去，茶马古道上的喧闹消失在岁月的深处，青山依旧，碧水长流，这里的山民默默守护着雨林深处的古茶园，等候着知己的到来。恍惚间，似乎听见有低声细语：刚好你来，刚好我在。仔细找寻，却再无声息。

从 20 世纪 90 年代中期开始，先是台湾的茶人，而后本地的茶人，然后全国各地的茶人，最后全世界各地的茶人，纷至沓来，为的都是易武茶。

　　2011 年春天第一次到达易武的时候，街道尚且破旧不堪，两侧的民房多是歪歪扭扭的木结构老屋。原以为已经不再有人居住，无意间走近才看到昏暗的房间中有人呆呆地坐在那里，看着街上往来的行人。之后每年到访，都感受到这个古镇在焕发出青春活力。今年 11 月下旬到达易武，整条街上车水马龙，到处都在修筑房屋。这却是让人欢喜让人忧，整片的老旧房屋被崭新的西式小洋楼取而代之，就连曾经遍布百年茶号的老街，都已经快要找寻不到昔日的模样，这未免让人有些感伤，如果能够让这见证了世事沧桑变化的街道完整保存下来，该有多好！

　　易武的七村八寨，寨寨都有自己的古茶树，茶因地而得名，地因茶而显赫。十多年前，普洱茶友能够把拗口的古六大茶山名字数说清楚已属不易，如今倘使不知麻黑、落水洞、高山寨与刮风寨这易武最为声名显赫的四大村寨，则势必会被钟爱易武的茶友低看。近年来连年举办的易武斗茶大赛，更是引得无数普洱茶友竞折腰，人人以亲临村寨寻茶为倍极荣耀，愈是偏、远、险的山寨，愈能够激发人们亲自前往一探究竟的欲望。

　　春去秋来年年寻茶易武，总是有超乎预期的惊喜，也有意料之外的失落。一次次让人满怀期待而来，满心遗憾离去的唯有刮风寨。不同于高山寨、麻黑与落水洞占尽了交通便利的好处，地处中、老边境的瑶族村落刮风寨，素以地处偏远、道路交通条件恶劣而著称，一次次地尝试，一次次地无功而返，访茶刮风寨几乎成了一个心结。2013 年 3 月份到访易武麻黑，探明了前往刮风寨的路径，开着商务车跃跃欲试。麻黑的村民头都不抬，笃定地说："你们去不到。"抱着一试究竟的态度，径直开车往前走，越走越觉得不对头，七座的别克商务车行走在颠簸的山路上老牛喘气般吃力，行不数公里，一条沙石路面陡坡横亘在面前，咬着牙硬着头皮往上爬，刚刚转过了一个急转弯，车轮开始在松软的沙土上打滑，轮胎摩擦地面发出一种刺鼻的烧焦皮子的气味，几经尝试，直到水箱开了锅仍然是原地打转。遭受挫折后的一帮人或站或坐在地上，一个个灰头土脸，神情沮丧。偶有骑摩托车的人从对面过来，拦住打听情况才知道，此地距离刮风寨尚有二十公里的山路，原本还有人打算步行前往的计划彻底泡汤，在这炎热的热带山区，步行显见是行不通的。只好苦等水箱散热后原路折回。

　　春天的出师不利给内心造成了长时间的阴影，以至于每每提起刮风寨无不摇头叹息！2015年4月份卷土重来的一行人，提前已经有了不一定能够到达刮风寨的心理预期。虽说如此，依然做好了充足的准备，三辆座驾都换成了越野车，再次小心翼翼地前往。到了第一次遭遇滑铁卢的陡坡，先下来探明路面情况，然后开足马力轰鸣着爬了上去，车上的人再也按捺不住内心的激动，无论男女老少都大声欢呼起来，一路颠簸一路欢笑，直达刮风寨。

　　好不容易到了刮风寨，四下闲逛寻找初制所看茶。热情的茶农把我们带到村主任家里，整个寨子里位置最好、建筑也最漂亮的就属这家了，整个房子居然是飞檐斗拱的传统汉族民居风格。令人诧异的是我们历尽千辛万苦才到了这里，而年轻的村主任此时居然身处千里之外我们的家乡郑州。

寨子里各家寻找，一泡又一泡茶试过去，无论大树、小树都有明显的烟气煳味，更兼杯底有星星点点的黑色爆点，显而易见属于初制工艺不够精道所致。直到后来才得知原因，这都是后话了。

　　到了下午，眼见顺着山谷黑压压的乌云正在迫近，急忙召唤大家返回。紧赶慢赶，两个多小时以后，我们的三辆越野车堪堪进入麻黑寨子石头路面，豆大的雨滴劈里啪啦地兜头落下，心下暗叫：好险，好险。若是动作稍微迟缓，怕是要被大雨困在刮风寨里了，对于一行12位来自大城市的人来讲，后果不堪设想。更叫人叹息的是2015年春天，雨水似乎比往年多了很多，对于靠天吃饭的茶农来讲，这并不是什么好消息。

　　2015年11月下旬，雨季行将结束，旱季将要再次到来。正逢季节交替的当口，我们再次踏上了前往刮风寨的访茶之路。益木堂堂主王子富已经安排好了人手接应，计划找人骑摩托车带我们前往刮风寨访茶。这种诱惑让我们再次燃起了斗志。一路上有惊无险，最难走的那一段陡坡路，经历了一个雨季的冲刷，整面山坡坍塌了下来，中间经过抢通，仅容一辆车勉强通过。四驱的吉普牧马人动力强劲，发动机发出沉闷的吼叫，轻松逾越而过，只是舒适性完全没有，紧抓住扶手依然控制不住身体因车辆颠簸引起的剧烈摇摆，好在对前方的期冀盖过了身体承受的折磨，大家浑似不觉一般直奔刮风寨。

　　九点钟从易武出发，不足三十公里的路程，整整行驶两个多小时才到。接应我们的正是刮风寨的村主任。他先是安排大家吃午饭。用餐期间，不断有年轻的小伙子骑着摩托车进来，看来果真是要往茶王树访茶去。

原本计划八辆摩托车带着我们八个人上山，由于缺了一个骑手，益木堂黄杨林自告奋勇骑了一辆。当我打算坐黄杨林的摩托车上山的时候，被村主任拦了下来："他能上去再下来就不错了！"客随主便，听从村主任的劝告，坐上了另外一个敦实的小伙子的车，随即招呼也不打一个，凡是后座上载上人的摩托车，立马开足马力轰鸣着飞驰而去。不同于其他山寨，刮风寨的古树茶片区都距离寨子路途遥远，尤以茶王树片区为最。摩托车顺着我们来时的路飞奔了几公里之后，毫无征兆地拐上了紧贴山崖的小路，道路逼仄崎岖，一侧是万丈深渊，心下暗自思忖：倘若只要有半分差池，必然跌落下悬崖粉身碎骨。道路另一侧杂草丛生，眼见载我的骑手躲闪不及，被杂草生生抽打在脸上，却浑似没事儿一般，真真叫人佩服。摩托车狂奔了一个小时左右，前面的车手都席地而坐等候休息。终于有了喘口气的机会，顺口问了句："还有多远？"村主任

回答说："还有一半的车程，接下来还要走一段路。"稍事休息后再次上路，心下愈发佩服这帮威猛霸气的瑶族兄弟们，一个个生生把普通摩托车开出了山地摩托车的极限越野性能。不过，一旦遇到连续泥泞湿滑的长坡，还是要下车走上一程。从寨子出发两个小时后，摩托车抵达了距茶王树片区最近的道路终点。摩托车手们留下休息，村主任带领大家步行前往。一路从山巅穿越雨林间小径迂回曲折下行到半山腰，然后平行前走，眼前散落在高耸入云的树下的小乔木型茶树随处可见。又走了十几分钟，眼前豁然开朗，大片大片的古茶园一望无际，让人又惊又喜，真如误入世外桃源一般。王工专程带领我们再次钻入雨林之中，行不多远，传说中的茶王树出现在眼前，树根基部壮硕粗大，分出四枝主干笔直向上，目测树高足有十数米。历尽磨难方才一睹茶王树，让人倍极感慨。在茶园里四下游走观察，绝大多数树干基部围径都在 60 厘米以上，

被砍伐后重新发出枝干的，围径多在 30 厘米以上。抽样测量叶片面积，大都属于大叶种、特大叶种。虽然是万分不舍，却也不敢久留，在村主任的催促下，我们开始往回走。来时下坡路走得轻快，回去一路往上爬，越走感觉腿越沉重，犹如灌了铅一样，浑身的衣衫被汗水浸透。同行的西安茶友柱子细心地给每人找了根树枝作拐杖。大家勉力支撑着身躯一步步往上挪。一个半小时之后，听见摩托车的鸣叫声，觉得仿佛经历了漫长的过程。突然发现，累是累，脚步忽然变得轻松起来。

等候多时的车手，上来一个载一个，顺原路飞奔往回赶。边走边聊天，才知道，每年茶季，寨子里的老人进山采茶，吃住都在山上。年轻人负责骑摩托车把茶青驮回去加工。由于倍极艰辛，历来易武各村寨中，都以刮风寨古树茶最贵，而刮风寨古树茶价格最高的，又非茶王树莫属。难怪王工会讲：早些年道路更烂，只有用牛把茶青驮着出去，所以茶上都有牛毛味。古树茶逐渐稀少，小树茶开始增多，由于忙不过来，有时炒小树茶不够精心，才会沾染烟味，或者会有黑色的爆点沉在杯底。至此才解开了此前的疑惑，也更加感受到，一杯好茶来得如此不易。去的路上一路上坡，犹似不觉，回去的路上连续长下坡，坡度都在六十度以上，车手挂着空挡一路向下滑行，时时让人心惊肉跳，好在每每化险为夷。十二点钟，从刮风寨出发，五点钟回到寨子，整整五个小时，单在路上就有四个小时。天色渐晚，不敢多耽搁，辞别村主任，驱车往回走。当明月初照、华灯初上之时，我们终于回到了易武。

　　回首这一天访茶的行程，四个小时的车程，两个小时的摩托车程，两个小时的步行。一天当中足有八个小时都在路上，恍忽间如同做了一场梦。耳畔犹自回响起载我的那个瑶族年轻摩托车手的话："薄荷塘，比去茶王树的路还更小更难走，要（骑车）技术好的才能带人去。"我暗暗寻思：似薄荷塘这般茶路，明年的春天，还有谁愿意与我一起去探寻？

困鹿山寻茶记

银生茶庄园夜色美，满园春意惹人醉。在这疏星淡月的夜晚，相约侯建荣先生，与一众师友团团围坐，品一盏困鹿山皇家茶园古树茶，身心为之沉醉！唯愿时光再慢一点，夜晚再长一点，为这山、这茶、这人暂且停下，凝结成这似水年华里的一朵幽香的茶花！

　　2012年的那个春天，赴云南省普洱市宁洱县访茶困鹿山，至今仍记忆犹新。这山名是如此地形象与生动，就连灵巧敏捷的鹿都困身于此，更不用提我们这些尚且要借助汽车这种交通工具的人了。从宁洱县城往困鹿山的县道，年久失修，坑洼不平，完全是我们这些来自于中原腹地的人们所不知的。驱乘的轿车时时刮擦底盘，发出令人心悸的声响，令人担心会抛锚在这前不着村后不着店的山路上。离开县道盘旋上山的乡村道路，全程都是土路，扬起灰尘几乎完全遮住了后车司机的视线，不时要停下来等待；远远望去，前车疾驰而去拖起一道灰尘。

　　到了困鹿山宽宏村，下车步行。古茶园与这小山村依山而存，茶在村中，人行茶间，绘就出一幅活色生香的生活画卷。在茶园的边上，找到了一棵被砍伐过的树，刚好可以作为顶好的拍照落脚点。于是使出打小在乡村生活练就的看家绝技，手脚并用爬上树去，斜倚在树上俯拍掩映在茶园中的村庄。古茶树鳞次栉比，大树下面补栽上了小茶树，郁郁葱葱，充满生机。我爬上树去看风景，树底下的人仰着头看我，茶山装饰了我的梦，我在杨晓茜老师的相机里也化作一道风景。

困鹿山寻茶记

207

2015 年春天，再度抵达云南省普洱市宁洱县。相约国家级非物质文化遗产普洱茶（贡茶）制作技艺代表性传承人李兴昌老师，共赴困鹿山宽宏村探访遗存的皇家贡茶园。比起 2012 年首次到访困鹿山，路好走了很多，全程基本铺通了柏油路、水泥路，只有两公里左右的土路尚泥泞坎坷。李兴昌老师感叹道："政府要将村民全部迁出来，以后古茶园与古村落共荣共生的形态将不复存在！"

为了记录好这个最后的画面，我们逡巡在古茶园里，到处寻找最佳拍摄点。2012 年我只身徒手攀爬的那棵被人修剪掉枝叶的大树，经历了数年风雨，树干已经腐朽，碰之即落，决计不堪再用。于是目光投向另外一棵树，委托身手矫健的年轻小伙李源明爬上树去，用镜头记录下这即将消失的景象。

李兴昌老师带领大家在古茶园内探看，边走边讲。这片古茶园，古茶树的数量虽然只有 373 棵，但仔细观察不难发现，茶树成排成行，属于人工栽培型古茶园。同一行的古茶树，测量树干围径大都在 120 厘米以上，也有 80 厘米左右者。大致相同的树围，说明应该是在同一时期栽种的。古茶树既有大叶种、特大叶种，也有中小叶种，相伴相生。对此，银生茶业董事长侯建荣先生有不同的见解。他认为这是古茶树衰老而又没有进行科学合理的水肥管理所致的。

2012年到访时，古茶树下面补种的小茶树已经生长得葳蕤茂盛，足有半人多高。据说，2015年春天古茶树的鲜叶，等在古茶树下收购的价格，已经达到了1800元一公斤，或许这是物以稀为贵的原因。而到了2017年春天，在困鹿山宽宏村，一位茶农讲："鲜叶的价格，大叶种的两三千元一公斤，小叶种的三四千元一公斤。"折算下来，四公斤多鲜叶才能炒制出一公斤干茶，成本价动辄以万元为单位计算。在云南一线名山头的古茶山中，价格上涨的幅度首屈一指。

　　2017年春天又赴困鹿山宽宏村皇家古茶园，上午时分尚且艳阳高照，待我们下午驱车赶往茶山的路上，远远望去，乌云笼罩在远处的山巅，预示着风雨欲来。走到宽宏村的入口处，发现已经立下了一通石碑，勒石以记古茶园的前尘往事。天空中已经开始飘落蒙蒙细雨，同行的解伟涛拿着手机指给我看当天的天气预报，下午有雷电阵雨黄色预警。千辛万苦到了这里，于是同大家深入茶园探看。古茶树下面补栽的小茶树已经一人多高，古茶树、小茶树相互混生在一起，已经蔚然成林。最大的一棵古茶树的前面，摆有一个香炉。据说：近年来已经恢复往年的习俗，在每年开园采茶之际，要先举行焚香祭拜仪式，只是从未亲眼见过。这棵树被称作困鹿山的茶王树，相邻的另外一棵被称作茶后树，都已经被用木栅栏合围了起来。云南各茶山将茶树称王、封后似乎已成一种风气，不独困鹿山如此。只不过少有官方的肯定，多是民间的行为。究其实质，多数无外乎商业利益的驱动。

在茶园里驻足未久，雨势逐渐增大。于是只好回到古茶园边上茶农留下的旧屋里暂且避雨。转瞬之间倾盆大雨将古茶园笼罩在漫山烟雨中。几年的光景，困鹿山古树茶价格的飙升，使当地的茶农摆脱了千百年来困窘的生活。加上政府拨付的补贴款，距离古茶园不远的地方，一栋栋现代化的新居将拔地而起。只是直到如今，宽宏村的村民并没有将古茶园边上原有简陋的旧居拆除，而是因陋就简地保留下来做了初制所。得亏如此，才使我们一行人能够在这滂沱大雨中，伫立在屋宇之下的栏杆前，隔着雨帘凝望近在眼前的古茶园。却意外地发现，有一棵古茶树大多数枝叶已经枯干，濒临枯死的边缘，倘若再不及时进行修剪，恐难久存于世。

　　今年春天这雨水似乎比往年要多得多，前几日只是晚上下，今天则在白天下个不停，完全没有往年旱季阵雨来去匆匆之势，而是缠绵不去。眼见天色将晚，我们只好恋恋难舍作别困鹿山，踏上返程的路。

　　从困鹿山回到宁洱县城，念起银生茶业董事长侯建荣先生的邀约。银生茶庄园在距此地只有三十公里的普洱市，于是欣然前往。

晚上与侯建荣先生相约品茶，先生拿出 2015 年定制的一款困鹿山古树茶来共同品鉴，轻手泡汤色黄亮，热闻杯盖，果香芬芳；冷闻杯底，香气幽长；滋味入口醇香，苦隐涩弱，回甘生津较快；尚具山野气韵。真真是一款具有绝妙风格的好茶。

夜宿银生茶庄园，窗外明月半弯，滨湖是傍山的木楼，水面映衬出点点灯火，让人丛生依依惜别之情。只有在内心宽慰自己：每一次的离别，都是为了下一次的相遇。青山不老，绿水长流，古茶树岁岁常青，在下一个茶季，我们还会山水又相逢，来赴这茶人的约会。

我的普洱茶美学主义

马哲峰

人说茶中最难是普洱，我说茶中最美是普洱。普洱茶中从不缺乏美，设若我们以美学的视角审视普洱茶，那么，会从中照见一个怎样瑰丽的普洱新世界？且听我慢慢为您道来我的普洱茶美学主义。

一

普洱茶的形态之美

以茶的形态变迁来俯瞰普洱茶，仿佛是一个因时空交错遗落在遥远的七彩云南的绝世而独立之佳人。当紧团茶倍极尊荣的唐宋时期，她抱朴守拙，以"散收，无采造法"自然中叶子的形态，游离于中原人士的视野之外。中原腹地，紧团茶历唐宋元明数百年，遇上了出身草莽的明太祖朱元璋一道"罢造龙凤团茶"的圣旨，旧有的尊荣在君恩浅处化作过眼云烟。或许是山高皇帝远，极边之地的云南，假以"蒸之成团，西蕃市之"现实需要之名，承继了紧团茶的衣钵。

有清一代，普洱茶名播天下。瑞贡天朝的普洱茶，散茶与紧团茶并存。比照中原腹地的名优绿茶，拣选幼嫩芽叶制作上贡的普洱散茶，无疑是为了迎合主流。另一种拣选幼嫩芽叶制作上贡的紧团茶，则有讨得皇帝欢心并以此来表达忠心的意味。

从上贡皇帝的普洱紧团茶的名称和形态，就可以管窥一斑。现有的文献中，有明确记述女儿茶的，非普洱茶莫属。从清乾隆年间的张泓和道光年间的阮福对女儿茶的描述，我们可以看到，采制女儿茶的是称为"夷女"的少数民族女子。阮福描摹女儿茶形态为"小而圆者"。这种形态出现的缘由，直到我们一次又一次经年在云南普洱茶山游历的过程中，才寻找到了答案。在景迈芒景的哎冷山茶魂台，在巴达章郎布朗族博物馆，在南糯山半坡寨，在布朗山老班章寨子，我们依然能够看到保存完好的少数民族原始宗教信仰，那就是生殖崇拜。从母系社会到父系社会，再到后来的文明社会。发达的中原文明先民一脉相承的祖宗崇拜，落后的云南少数民族文明延续至今的生殖崇拜，本质并无不同。从人类文化学的视野来考量，女儿茶正是云南少数民族古老宗教信仰的产物。在封建王朝的皇帝看来，"普天之下莫非王土，率土之滨莫非王臣"。为了向皇帝表达忠心，上贡皇帝的女儿茶都隐含着深层的寓意。另一种

普洱紧团茶人头贡茶，尽忠的意味更加明显。在普洱市博物馆，隔着玻璃，我长久地凝视普洱贡茶。在我看来，普洱茶的形态，在女儿茶、人头贡茶中蕴含有狞厉之美。

普洱茶名称和形态的变迁，无言地诉说着云南民族文明和中原文明之间从未停止过的交流和融合。清中期用来上贡的女儿茶，到后期被称为景谷姑娘茶，雅称为私房茶。民国时期被更加文雅含蓄的名称沱茶所取代，馒头形也被窝窝头形替换，这显而易见是汉族带来的中原文化与少数民族的边疆文化交融的结果。

清末民初，汉族带来的中原文明对普洱茶形态的影响表露无遗。直到新中国成立以后，从 20 世纪 50 年代到 80 年代中期，最好最细嫩的原料用来制作沱茶内销；老嫩适度的原料用来制作侨销的圆茶；边销的则是牛心形紧茶，牛心紧茶又名蛮庄茶，后来被砖茶所取代。这些都写进了茶学的教科书中。沱、饼、砖，毫无疑问是普洱茶中的主流形态。如果我们以中国传统的哲学来看待这些形态，天圆地方，人为万物之灵，其中所蕴含的美学即浮出水面。

内销的沱茶，饮茶思源，莫忘亲恩。

侨销港、澳、台东南亚的圆茶，无声地召唤这些海外游子，每逢佳节倍思亲，举杯邀陪明月，低头思恋故乡。

边销藏区的砖茶，召唤中华儿女用自己的血肉之躯铸就新的长城。

二

普洱茶的汤色之美

普洱茶终其一生，身份在不断地发生着变换，这其实与我们人一样。

从茶树上采摘下来的嫩叶，到锅炒杀青，揉捻做形，日晒干燥，名为晒青毛茶。现代人以茶叶科学的名义，赋予了它一个明确的身份，大叶种晒青绿茶。它的汤色呈黄绿色，清澈明亮，富于光泽。

晒青毛茶一经紧压成型，身份便发生了变化，普洱茶的国家标准自此开始承认它普洱生茶的合法身份。历史上，生茶向来占据主流。新鲜的普洱生茶，仍然属于绿茶的范畴，茶品的汤色依然以绿为美。奇妙之处在于，这才只是普洱生茶变化的开始，历经经年的储存，普洱生茶的汤色由绿转黄，最终逐渐变红，汤色的变化意味着普洱生茶品质的升华。因其汤色后期变化大，周期长，展现的是普洱茶的古典美学因子。

晒青毛茶经过泼水渥堆发酵，有了另外一个名字——普洱熟茶，无

论紧压与否，都有法定的身份与地位。熟茶的汤色红浓明亮，在后期储存的过程中，色泽变化远较生茶小得多，仍然以红色为基调，只是在汤色的深浅和明亮度、清浊度上有分别。熟茶问世较晚，展现的是普洱茶的现代美学因子。

茶文化视野审视普洱茶的汤色，崇奉的是"道法自然"的原则，各类普洱茶品汤色，无不遵循这一原理。色彩绚烂的普洱茶汤色，淋漓尽致地展现出普洱茶美学的丰富性，亦如我们多姿多彩的生活。

自唐代以来，儒、释、道主导了中国的茶文化。中国茶的主色调向以绿色为基调，中国人固守着这一抹绿色，沉醉其间。地域色彩强烈的青茶、黄茶，边销的黑茶，外销的红茶，各据一方。放眼国内外，茶的世界，版图色彩不一。变革自20世纪80年代开始，短短三十多年的时间，国内茶版图色泽渐趋斑斓。文化的交流和融会才是核心。

从高原之地的藏区,到港、澳、台,再到东南亚,再到欧美,后又返回内陆。普洱茶行销的路线,犹若茶马古道般曲折迂回。从固守传统到接纳创新,文化的交流和融会从未停歇。

生茶也好,熟茶也罢,随着岁月的绵延,普洱茶终将老去。老而弥坚,愈陈愈香,时间成就了普洱茶,也造就了我们,结果好与不好,要回过头来看先前种下的因。

老子说:"五色令人目盲。"但愿从普洱茶汤色转换的过程中,我们能够照见初心,莫失莫忘。

三

普洱茶的香气之美

令人愉悦的气味谓之香气,香气乃是普洱茶美学的核心和灵魂之一,闻香识普洱,借由香气的引领,我们步入茶世界的桃花源,自此不闻他茶,唯爱普洱。

自唐以降,这一千多年以来,儒释道为翘首的华夏正统文化所到之处,成千上万的历代名茶所受影响深入骨髓。尤以居正统主流地位的名优绿茶为甚,自古及今都追求清新自然的香气——清香、嫩香、毫香、花果香味、果香和花香。

花中四君子梅兰竹菊,花香中尤以兰花香味最为殊胜。茶圣陆羽《茶经》中要求茶人身体力行,"精行俭德",被后世崇奉者以拟人化的方法,投射到了茶品的香气上。

宋代范仲淹所作《斗茶歌》有"香薄兰芷"的描绘,明代的张源《茶录》描摹茶品"茶有兰香"。兰,以其高洁的品行被誉为君子的象征。兰为王者香,以兰香喻茶香,是传统儒释道文化浸淫下的茶人对茶品最为美好香气的追求。

清代张弘撰《滇南新语》中描摹岁贡的芽茶，已改用了"味淡香如荷"的美好词汇。兰、荷，在香气的文化品性上一脉同源。普洱茶借由上贡的机缘，凭借士人的生花妙笔，开启了茶文化融会的进程。

传统儒释道茶文化视野下，茶品香气，以纯为本，道法自然，以香喻德。如今最为美好的普洱茶香气，一如既往，誉为兰花香。

当今的普洱茶，在所有的茶类中，以众多的名山头乔木古树生茶独树一帜，几无产品可与其比肩。以文化视野下的哲学观点视之，茶，乃天涵、地载、人育的灵物。每一座山的茶品，都有着曼妙迷人、风格卓绝的香气——易武茶的兰花香，景迈茶的花蜜香，冰岛茶的冰糖甜花香，贺开茶的果蜜甜香等，可以视为现代茶文化视野下，兼纳并蓄，多元化思维下的产物。

迎合现代潮流，20世纪70年代诞生的普洱熟茶，在普洱茶香气美学上，归类于现代主义的产物。熟茶香气有普香、梅子香、枣香、参香和沉香，无需长期等待，当下即可享受。

　　回溯过往，自唐及明，"茶出银生城界诸山，散收，无采造法"的云南茶，自始至终都是一个异数。它的出产地域长期游离于中原王朝的统治之外，在遥远边地的雨林中倔强地生存了下来。边地之人从不掩饰对中原文化的向往，现今流传在滇南少数民族中间所崇敬的茶祖诸葛亮即是佐证。惜乎受到正统文化教育的士人，看待这茶多有偏见。迟至明代的谢肇淛《滇略》（1620年）卷三中云："士庶所用，皆普茶也，蒸而团之，瀹作草气，差胜饮水耳。"

　　每个时代，总有为数极少的杰出之人，能够超越身处时代的局限性。明代云南大理白族进士李元阳在《大理府志》中记载："感通茶，性味不减阳羡，藏之年久，味越胜也。"这种远见卓识，令今天的我们自愧弗如。幸运的是，数百年以后，李元阳有了自己的知音，那就是邓时海先生。邓先生化用明人李元阳的提法，提出普洱茶越陈越香，使普洱茶香气臻于独特文化境界，借此融入主流茶文化的行列，为当代世人所公认。

　　普洱生茶，一脉传承，承继千年古典茶美学的香气精髓。

　　普洱熟茶，开拓创新，展现当下现代茶美学的香气潮流。

　　普洱老茶，继往开来，融会古典与现代茶美学香气之大成。

四

普洱茶的滋味之美

茶的滋味五味皆蕴，我们用自己的味觉来感知茶味。舌尖最能感知甜味，舌根于苦味最敏感，舌的两侧对于酸味尤为敏锐，舌头的表面着重于涩味。茶的滋味就是生活的滋味，人生的滋味。

"自从陆羽生人间，人间相学事新茶。"自中唐时期陆羽的时代开始，中国茶脱离中药的范畴转投饮品的怀抱，美味成了共同的追求。

绿茶引领下的古典茶美学"贵新"，向以新鲜自然为上。我们暗自猜想，或许是远离茶产地的缘故，或许越是不易得越珍惜的缘故。

翻看茶史，中小叶种的名优绿茶一直深受人们的宝爱，自唐及今，已逾千年。如今，普洱茶的原料晒青毛茶虽然与名优绿茶同属一类，滋味都以"涩、苦、鲜"为主，滋味的强度上却有天壤之别。或许是受饮食习惯潜移默化的影响，滋味清淡的名优绿茶深受青睐。与之相比，大叶种的普洱生茶苦涩感强烈，远超中小叶种的名优绿茶。而在鲜爽度上与其相比，却无明显优势。是故几百年以来，普洱生茶一直无法跻身于名优绿茶的行列。

当今名山头乔木古树普洱生茶的风行，是科学家以为其内含物质与名优绿茶相若的缘故。

普洱生茶被邓时海先生划分为阳刚型与阴柔型两大风格，普洱茶由此独具茶美学风格。

阳刚型的普洱生茶滋味苦重，苦的类型千姿百态，苦的强度各不相同。小勐宋苦茶的苦堪比黄连，苦后无甘；大勐宋的苦感尖锐，回甘迅猛；老曼峨的苦感凝重，回甘较慢；新班章的苦感较重，回甘较快；老班章的苦甜平衡，入口有苦，迅疾回甘。

阴柔型的普洱生茶滋味甜美，香甜的类型各异，风格绝不相同。易武的兰花香味，香甜柔美；贺开的果蜜甜香，甘甜醇美；景迈的花蜜香味，甘甜纯正；冰岛的花样芬芳，冰糖甜美。

我们禁不住赞叹，没有任何一种茶，犹如普洱茶这般具有如此丰富

的多样性和各具特色的个性风格。

普洱熟茶所代表的是一种现代主义的茶美学风格。20 世纪 70 年代诞生的普洱熟茶，因为产地气候、原料、发酵工艺等原因，昆明茶厂、勐海茶厂和下关茶厂国营三大厂出品的熟茶各具风格。正如台湾的普洱茶专家石昆牧所言："2004 年以前的市场熟茶主流,是以下关系（7663）、勐海系（7572、8592、7262），还有早期昆明系（7581）为代表的。"

举例来说勐海茶厂出产的熟饼 7572、8592 和 7262，有着广为世人所知的"勐海味"。我们认为，勐海味，就是普洱茶滋味得美学名称。

茶文化视野下的绿茶滋味审美，向以"淡中品至味"为主流。

由此不难理解，明代普洱茶为何被士人鄙薄为"瀹作草气，差胜饮水耳"。到了清代，上贡皇帝的芽茶"味淡香如荷"，极力向名优绿茶滋味靠拢。20 世纪 50 年代以后，作为一种边销、侨销的茶品，普洱茶仍然不为名优绿茶所容，晒青茶被给予绿茶中品质最差的评价。这显然是主流文化思维下的一种傲慢与偏见。

清代诗人陆次云形容龙井茶："此无味之味，乃至味也。"这一点被台湾师范大学教授邓时海巧妙地借鉴过来描绘普洱茶："大多数的品茗高手，都公认'无味之味'是普洱茶的最极品。"并上承明代士人李元阳赞誉普洱"藏之愈久，味愈胜也"，提出普洱茶"愈陈愈香"，由此普洱茶大行其道。这一点可以视为普洱茶美学传承与创新的典范。

五

普洱茶的叶底之美

茶，经历沸水的冲泡洗礼，奉献出了色泽优美的茶汤，氤氲出曼妙殊绝的香气，浸润出五味皆蕴的滋味，最终渐渐舒展开来，将其投入清水中，浮沉之间，恢复到初始的面貌，一叶一菩提，映衬出万千茶世界。

唐宋时期的绿茶，以蒸青紧团茶为主流，唐煮宋点，谓之吃茶。自明代开始，散茶形态的绿茶成为主流，遵循的是道法自然的艺术鉴赏原则，瀹泡以后的茶之叶底，再次回归到自然的形态。这种艺术鉴赏的方法深入人心，在贵嫩、贵早的名优绿茶中尤为明显。面对冲泡以后自然舒展的茶芽，人们总是不自觉地发出由衷的赞叹。

延续这种道法自然的艺术鉴赏思维，清代上贡皇帝的女儿茶、芽茶之属，同样贵嫩、贵早，堪与名优绿茶相媲美。

20世纪中期以后，从1956年直到1984年计划经济年代，整体来看，细嫩原料压制的沱茶内销，较为细嫩的原料压制的圆茶侨销，粗老原料压制的紧茶、砖茶边销。完全以原料的老嫩区分茶之优劣，是故晒青茶被视为绿茶中品质最差者。

这种思维延续到了20世纪70年代以后诞生的普洱熟茶上，以勐海茶厂的普洱熟饼茶为例，原料粗老的8592为低档熟饼，原料老嫩适度的7572为中档熟饼，原料较嫩的7262为高档熟饼。细嫩原料发酵的普洱熟茶命名为宫廷普洱。

既往看待原料的老嫩，叶底一目了然。但以茶美学的方法看待叶底，细嫩不再是唯一的法则，反倒是原料老嫩适度，无论新茶或者愈陈愈香的老茶，后期的综合表现都更胜一筹。这是将阴阳辩证的艺术鉴赏方法融入茶美学之中。

六
结　语

　　我的普洱茶美学主义，将普洱茶置诸自唐及今历代茶美学的大时代背景之下来审视。

　　普洱茶的美是古典的，承继了古典茶美学的精髓。普洱茶的美是现代的，开创了现代茶美学的新领域。

　　普洱茶的美是民族的，凝结了历代云南少数民族茶美学的精华。普洱茶的美是华夏的，开创了华夏茶美学的新境界。

　　普洱茶的美学属于我们每一个人，美在你我，美在每一个人的心间。

备注：本文刊载于2014年12月份出版的《普洱》杂志第六期《普洱美学》第50~57页。

知行合一：我的普洱茶私学教育之路

马哲峰

时间回溯到 2003 年，重庆永川国际茶文化节期间，一圈儿茶界的先生们坐而论道，每个人的面前都斟了一杯当地的名优绿茶永川秀芽，翠绿的芽叶在玻璃杯里摇曳生姿。不同于先生们津津有味地品鉴，我礼节性地轻啜了几小口，便放下。这一幕恰恰被来自原云南中茶公司的高级工程师苏芳华先生看在眼里，私下低低的声音悄悄询问："不好喝吗？"我连忙作答："好喝，只是我的胃寒，不敢贪杯。"随口那么一说，孰料想苏先生竟然记挂在心上，自此每天饭后，先生都邀约到对门他的房间里喝茶——有心的先生从云南带来的矿泉水，自己随身携带的散料熟茶。看着泡出来后红浓的茶汤，心里直犯嘀咕。许是先生看出了我的踌躇，笑着问："好喝吗？"连忙端起杯子一饮而尽，捏着鼻子说："好喝！"惹得先生哈哈大笑。临别之际，先生郑重地送了一桶散料熟茶给我，特意交代："每天喝一杯，对自己的胃有好处！"回到河南郑州，虽然是真心觉得这茶不好喝，想想这是大名鼎鼎的专家对一个无名小子的关怀，遂咬牙坚持每天都喝上一杯。过了一个多月，眼见茶桶见

与苏芳华先生合影

底儿，终于松了一口气，觉得可算是熬到头了，总算是没有辜负先生的一番心意。谁知邮局的人竟上门送来一个云南寄来的包裹，签名栏赫然写着苏芳华先生的名字，打开一看，果不其然，又是熟茶。先生的关怀备至，令人心生感动，由此，每天一杯普洱熟茶，成了雷打不动的习惯。半年以后，忽然觉得自己的胃口似乎比以往好了很多，仗着胆子试喝了一杯绿茶，令人惊喜的一幕出现了，居然再也没有过往的胃的折磨。这令人难以置信的现象，伴随着每天一杯绿茶，通体舒坦，终于使我相信，这确实要感谢苏芳华先生馈赠普洱茶的恩惠。

　　虽说是早早地饮用普洱熟茶，却从来没有想过去深入探究这种茶。2006 年，郑州市金水区经六路茶根缘普洱茶交易行，当年整个河南省最为高大上的普洱茶会所，请我给员工做茶艺师考前辅导。课间休息时，小姑娘问："马老师喝什么茶？""给我来杯信阳毛尖。"虽说是已经习惯了我这样的回答，女孩子们还是难免要感叹一番："我们每天都发愁上一拨儿客户走了，下一拨儿怎么办？柜台都是空的。"抬眼瞧瞧这群女孩子，一个个都微微仰着脖颈如傲娇的天鹅，默不作声。2007年下半年，经历了过山车般的行情大起大落，同一家店里，面对冷清的店面，女孩子们都打不起精神，懒洋洋地问："马老师喝什么茶？""来一杯普洱。"仿佛是不相信自己的耳朵，女孩子半信半疑地看着我。我又重复了一遍。似乎是实在忍不住好奇，问道："马老师，普洱茶火的时候，您要喝毛尖。现在都没人喝普洱茶了，您倒好，怎么又要喝普洱茶了？"抬眼定定地看着她："因为以后，普洱茶会一直有人喝下去。"我看到了她眼神里的迷茫，但没有再作解释。她哪里知道，就在2006年，赶上了普洱茶火热的行情，郑州市北环新开的茶城，一个月之间，二百多个铺面全部招满，九成以上的店面都是专营或者兼营普洱茶，好笑的是许多开店的老板只是听说开普洱茶店能赚钱，连茶都不会泡，就着急忙慌地把店开了起来，整个茶城洋溢的都是盲目乐观的情绪。2007年下半年，这家茶城短短两三个月的工夫，商户走掉了七成，整个茶城显得空空荡荡。在一个朋友店里喝茶，一个茶友神气活现满脸得瑟之情："今儿，喝了一泡麻黑的黄片。"朋友被他的矫情惊着了，刚喝进嘴里的茶一口喷了出来。就在行情最低落的2007年年底，郑州市最大的一家茶城——国香茶城在短短一个月时间，商铺租出去了七成，数上一数，少说有四分之一的商家，仍然选择了主营普洱茶。我从 1998 年起任教师一职，2003 年兼职做了郑州唯一一家茶叶批发市场的办公室主任，再到 2006 年起转而兼职河南省茶叶商会办公室主任，2007 年任职国香茶城招商办主任，一路见证了普洱茶的起起落落。之后卸任招商办主任，辞去学校的教职，全身心投入了茶行。

2010 年 6 月 1 日，行知茶文化讲习所诞生了，终于开启了自己理想的生活，朝夕与学生相处，过起了与茶相伴的日子。行知茶文化讲习所的名称为我的恩师，已故书画家王九朝先生所起。"行知"一词来自明代大儒王阳明先生所倡"知行合一"，"讲习所"是民国时期常用的名称，那时的讲习所大都已经演进为现在高等院校的茶学专业。这是一个教育者投身茶学私学教育的亲身实践经历。

读书品茶，讲习传授

　　回顾过往，中国的教育向有官学和私学的之分。官学大多出自私学，茶学亦不例外。自民国一直上溯到唐代，传承千年的都是茶圣陆羽和他开创的私学。直到 1939 年，被誉为当代茶圣的吴觉农先生在重庆复旦大学开创茶学高等教育，自此茶学开始进入官学系统，延续至今，囊括了农林院校的茶学院系，各级茶学科研机构等，是为现时茶学教育的主体。

　　从私学的发端到官学的完备成熟，也是从活泼向渐至僵化的发展过程。一千多年以来的茶学，一直是私学传承，散见于文人士大夫的诗文典籍、中医中药类的本草著述和农书类记述。自民国伊始至今，经历了半个多世纪的发展，隶属官学系统的我国茶学教育，已经建设成全世界最为完备的学科体系。主要进行学历教育，大专、本科、硕士、博士一应俱全，偏向于学术研究。现在也有部分院校响应教育部的号召，试图转型应用技术型教育，效果有待时间的检验。走进象牙塔的官学与实际需求渐行渐远，再次催生了私学教育，私学教育的成果作为补充再度进入官学体系。官学与私学本质上是一种竞合的关系。20 世纪 70 年代伊始，从台湾席卷大陆，茶艺、茶道、茶文化、茶席与茶会，这些私学领域的探索实践出的成果，于20世纪90年代进入高等院校茶学教育体系，补充和完善了官学体系的茶学教育领域。

私学领域的茶学教育实践，现下主要集中在茶艺、茶道、茶席与茶会等既往已有的门类。当私学教育与普洱茶相遇，注定要开启一条新的探索与实践的途径。

私学教育与官学的不同之处，在于类型的不同。自古以来的私学，都是围绕着私学教育者来进行，集课堂的讲述与实践的检验为一体，发现问题、研究问题与解决问题为一体，是教学相长的过程。

人说茶中最难是普洱，普洱茶就是中国茶的缩影。从茶树的起源、饮茶的起源到文化的传承融合与创建、技术的演进与分化，普洱茶，几乎集中国茶的所有问题于一身。港、澳、台的普洱茶私学研究者引发了普洱茶的热潮。1995年，由台湾师范大学教授邓时海先生编著，台湾壶中天地出版社出版的繁体字版《普洱茶》一书，引爆了普洱茶界的热情。

与邓时海教授合影

此书于2004年由云南科技出版社出版了简体字版，坊间传闻此书的销量至少在100万册以上，且有极多的盗版书未在统计之列。2012年，身为杨氏太极拳第六代传人的邓时海教授，前来河南省焦作市温县陈家沟寻源，回程转道郑州国香茶城。机遇难得，我急忙将辗转拿到手的邓教授《普洱茶》一书请先生签名，先生慨然应允。签名之后与先生合影，其间先生私语相告："小马，你买的书是盗版哦！"似乎也从侧面印证了这一点。既往关于邓时海教授著述的探讨，多集中于细枝末节的纠缠。几乎没有人关注到，邓时海先生的著述延续了千年私学教育一脉，秉承传统重新构建了普洱茶文化，这才是先生最大的贡献。如上承明代文士李元阳的说法提出普洱茶"越陈越香"，将普洱茶划分为"阳刚型"与"阴柔型"，主张普洱茶应遵循"晒青古法"等等。这些都是以传统文化为根柢，以艺术原则为途径的重新构建。惜乎这样的重要意义不为当世人所深入了解。或许，要等到若干年以后，人们才能感受到这本著作的重要性。

与邓时海教授合影

与杨凯老师合影

港、台兴起的普洱茶文化热潮，成就了一批普洱茶收藏领域的名家。香港的何景成先生专事研究沱茶，并写下有关沱茶的专门著述。陈智同先生著有《深邃的七子世界》，专事印级普洱茶、七子级普洱茶的研究。这些书只在技术和商业上有所建树，于普洱茶文化的构建，贡献不多。影响到海外的还有韩国的普洱茶学者姜育发先生，将普洱茶文化传播到了域外。

真正对普洱茶历史加以深入研究的，是云南本土的学者杨凯先生，其辗转台湾五行图书出版的《号级古董茶事典——普洱茶溯源与流变》一书，以图片、文档、文物等实证研究，最大限度地还原普洱茶历史的本来面貌，其学术性与严谨性令人肃然起敬。

研习普洱茶，茶学官学教育体系半个多世纪以来深厚的学科积淀甚为重要。创办了茶学高等教育的吴觉农先生，新中国成立后出任农业部副部长，并出任中国茶叶公司的首任总经理。先生对此后中国茶学官学教育体系的建设，影响深远。首批开设茶学的四大农林院校包括：浙江农学院（今并入浙江大学，设茶学系），优势学科为庄晚芳先生作为学科奠基人建立起来的茶树栽培学。安徽农学院（今安徽农业大学，设茶学系），优势学科是陈椽先生奠基建设起来的制茶学，先生的《制茶学》一书至今作为茶学专业的教科书仍在沿用；还有王泽农先生作为奠基人建设起来的优势学科茶叶化学。湖南农学院（今湖南大学，设茶学系），优势学科是陆松侯先生作为学科奠基人建设起来的茶叶审评与检验。西南农学院（今西南农业大学，设茶学系）。直到 1979 年，各大农业院校联合编撰统编教材，才结束了各大农林院校自编教材各说各话的局面。直到今天，茶学专业的门类众多，但最为核心的依然是这四门课程。普洱茶界的许多问题，都是由于缺乏这四门学科最基础的知识导致的盲区，只要认真学习了这四门基础学科，诸如茶树的起源、茶树的栽培方式、茶树的类型等问题，自然可以迎刃而解。

官学系统的茶学教育体系，侧重于面向整个茶产业培养人才，至今尚未有专门针对普洱茶的人才培养途径，这不能不说是一个巨大的遗憾，当然主要的缘由并不在从教的老师们，而在受制于整个僵化的教育体制的束缚。由于历史的原因，近一个半世纪的中国近代茶史是一部充满屈辱的历史。中国的茶叶从 19 世纪在世界上尚居于垄断地位，至 20 世纪初沦落于可有可无的地位。茶行业富有远见卓识的吴觉农先生等先辈，力主推进科技振兴茶叶行业，从组建国营中茶公司，到农林院校建设茶学专业培养人才，从教育到产业，背后的主导思想都来自于西方崇尚科学的背景，这对新中国成立以后茶行业的发展、茶学教育的建设居功至伟，也导致整个茶产业的发展陷入了西方式的思维，后劲渐显不足。

20世纪70年代开始，自台湾发端，茶艺、茶道、茶文化等学科在私学领域的兴起，预示着经济建设达到一定的高度之后，文化建设的复兴。茶学在私学领域的复兴，从一个侧面反映出国人对中国自身文化价值的重新认识，以期秉承传统，融会创新。

茶学领域背后的价值体系主要来自于西方崇尚科学的价值观，成就集中于自然科学领域，成果为如上所述茶树栽培学、制茶学、茶叶生物化学与茶叶审评与检验等学科。私学领域背后的价值体系主要来自于东方崇尚文化的价值观，成就集中于人文学科领域，成果为如上所述的茶艺、茶道、茶文化与茶席茶会等。茶学教育领域，官学领域崇尚科学的社会学科成果是基础；私学领域崇尚文化的人文学科是升华。二者既相互竞争，又相互融合。仅就普洱茶教育领域而言，来自官学体系的成果，奠定了普洱茶产业在种植、加工和流通领域的坚实基础。来自私学体系的成果，重构了普洱茶的文化架构，塑造了生、熟、老茶商业格局，反过来影响到了原产地，形成了崇尚古茶园、推崇古法传统工艺等风气。表面是商业理念的不同，内里是背后的文化价值观迥异导致的冲突。

面向未来，普洱茶教育领域需要再次打破官学与私学之间的藩篱，重新审视自己和对方的价值体系，探索和实践出全新的普洱茶教育路径。

知行合一，游学访茶

读万卷书，行万里路。儒家的游学，佛家的行脚，道家的云游，名异而质同。当下的普洱茶行业，正处于一个痛苦的嬗变的进程中。围绕普洱茶的发展，官学和私学都在探讨与实践未来的路径。

春天不是读书的季节，我们打点起行囊，奔赴云南的茶山，用脚步丈量大地，探访普洱茶的名山名寨，参观普洱茶的企业，拜访普洱茶专家学者，在游历中观察、学习、思考，并将其付诸实践。2011年至2015年，每年的春秋两季，我们都游学云南，用5年的时间遍历云南普洱茶三大产区。我们拜谒了普洱市镇沅县千家寨2700年野生型茶树王、普洱市澜沧县邦崴1000余年过渡型茶树王、普洱市澜沧县景迈山千年万亩古茶园、普洱市宁洱县困鹿山清代皇家贡茶园。我们踏遍了西双版纳州勐腊县易武（曼洒）、蛮砖、革登、莽枝、倚邦，景洪市攸乐山（基诺山）等古六大茶山；勐海县南糯山、勐宋、帕沙、贺开、班章、巴达等江外六大茶山；临沧市双江县勐库镇冰岛、临翔区昔归、凤庆县香竹箐等名山名寨。

地域广袤的云南，有着多姿多彩的少数民族风情，也有着佶屈聱牙的地名。课堂讲习时，面对一个又一个的地名，学生们一个个一筹莫展。

放下手中的书本，实地探访，对大家来说，是别开洞天。

2011 年首站到访的就是普洱茶迷心中的圣地易武。当年从宁洱到思茅刀官寨的一段高速公路尚未修通，开着车混杂在大车中间，艰难爬行，几十公里的路段走了三个多小时。自昆明驱车出发，足足用了十多个小时才赶到易武乡里。那时的易武，远不如今日车水马龙的繁华，整个街道上只有一家可以住宿的宾馆。筋疲力尽，刚刚躺下，对面的房间里传来尖叫。穿着拖板鞋就窜了过去，两个姑娘缩在房间的床角处，指着房顶上一只硕大无朋的蜘蛛瑟瑟发抖。拉一个凳子过来，脱下鞋站上去，一拖板鞋打得蜘蛛粉身碎骨，然后好生安慰，让她们紧闭门窗好好休息。

连续五年的探访，易武刮风寨、麻黑、落水洞和高山寨四大寨子串了个遍。每每都要在易武老街上走上一遭，瑞贡天朝的车顺号旧址，拐

易武老街

易武老街车顺号茶庄

进去喝茶，老人家低低的声音嘟囔着："拍照十块钱。"看看车家门楣上簇新的招牌，询问起旧招牌的下落，原来是本家的另一个人抬到景洪城里做生意去了。书中描绘的瑞贡天朝的无上风光与现下车家的落寞，直教人感叹荣辱悲欢的普洱往事，恍望一个号级普洱茶大茶庄远去的背影。相邻不远的福元昌后旧址，已经被陈升号修旧如旧翻新过了，只是"福"改成了"复"，据说是因为"福元昌"号被人拿去注册了，传闻大几百万元的转让费用让陈升河先生觉得不值，索性改了一个字。福元昌的后人，也归了陈升号的门下。

到访易武最开心的事情莫过于与高发倡先生相约喝茶。高发倡先生是易武中学的老师，历十年之功出了一本《古六大茶山史考》的小书。身为普洱茶的乡土学者，高老师讲述了一段当年出书的轶事。或许是为了让书能有相对好一点的销量，出版社建议高先生找个普洱茶名家作序，高老师开玩笑："普洱茶的专家一个都不认识，街上的狗倒是认识好几条。"听得我们一圈人眼泪都笑了出来。这本小书，对古六大茶山的每一个村寨都有详细的描述，而高老师也堪称古六大茶山的活地图。当年为了出书，先生摸黑抄小路，扒开一片草丛，却被一个黑洞洞的枪管顶住脑门。待看清楚之后，猎人大叫："高老师，原来是你呀！我还以为是一头野猪，准备一枪干了它。"

与高发倡老师合影

2014年春天，在易武街上来回逛，一眼瞧见大友普洱茶厂门户大开，顺道逛了进去。厂里面正忙得不亦乐乎，全人工压制普洱茶饼，院子里晒的茶饼到处都是。许多首次到访的学员，各种拍照，厂里的职工从一开始的笑脸相迎，到后来变作了忐忑不安。我们刚刚走出大门，咣当一声响，大铁门就牢牢关上了。

江外的新六大茶山，核心所在地就在勐海。从勐海出发，往南糯山、帕沙、勐宋、贺开、班章、巴达等每一座茶山去，都十分方便。

距县城不远的八公里工业园，众多的普洱茶企业云集于此。历年来的到访，多次参观老曼峨、益木堂、勐海天龙等茶企。2014 年春天，在益木堂巧遇勐海县副县长何青元。正是这位出身生物化学领域的博士，给予益木堂等企业以实践指导，小堆发酵出了高品质的普洱熟茶。益木堂堂主王子富与何青元副县长一道，带领大家参观了益木堂的熟茶渥堆发酵车间，这可是极为难得的礼遇。要知道这是所有厂家都不肯外泄的商业核心。清洁的发酵车间，现代化的科技，何青元副县长言简意赅地向众人解释了普洱熟茶的奥妙之处。

到访勐海，每次必约的还有林世兴老师。林老师花了整整八年的时间，走遍了云南的山山水水，编著出版了一本皇

在益木堂与何青元合影

林世兴老师讲茶

皇巨著《云南山头茶》。这本几乎让林世兴老师倾家荡产的大作，耗费了先生极大的心血。每次聆听林老师的讲述，大家都油然而生敬意，纷纷踊跃购买并请林老师签名留念。在云南的所有山头中，林老师对布朗山的各个寨子如数家珍。先生说，下一本书，准备专门写布朗山茶。正是像林世兴老师这样私学学者的涌现，推动了云南普洱茶山头文化的崛起。民国时期尚且被蔑称为"坝子茶"的勐海这一带的茶，在一代代普洱茶私学先生的推动下，以班章为代表的茶划为浓烈型一类，与传统的以易武为代表的柔美型的茶分庭抗礼，在普洱茶界获得"班章为王，易武为后"的美誉。

　　普洱市，因茶而名。有人笑称："普洱市宣传普洱，版纳卖普洱。"早在 1993 年，当年还叫作思茅的这座城市就承办了首届普洱茶国际学术研讨会，此后经办了数届，并随着 2007 年城市更名为普洱市而改名为普洱茶文化节。

2014 年秋天，夤夜拜访了首届普洱茶国际学术研讨会的经办人，已经 79 岁高龄的黄桂枢先生。先生年届八旬，仍然红光满面，精神矍铄，回忆起当年的情形如数家珍。出身文物所考古研究员的黄桂枢先生，致力于普洱茶文化领域的研究，他一言以蔽之："他们是自然科学家，我们是社会科学家。自然科学是基础，社会科学有高度。"令人茅塞顿开。回忆起 2004 年四川雅安国际茶文化节，先生自豪地宣称："是我第一个将普洱茶文化带到了美国。"

2013 年至 2015 年，每年都会到普洱市拜访何仕华先生。何先生正是澜沧县邦崴千年过渡型古茶树王的发现者，参与了镇沅千家寨野生型茶树王的论证，并以景迈山古茶闻名天下，且长期致力于普洱茶文化教育事业。

2012 年在普洱市结识了杨中跃先生。出身高中教师的他，利用业余时间，开着一辆红色的北京吉普车跑遍了云南五十多个山头，编写了《新普洱茶典》一书，对于普洱茶有精到的见解和实践。其独创的杨氏

游学景迈山古茶园

密封仓储普洱茶陈化方法，既有理论阐释，又有实践检验。犹记得杨老师解释自己的杨氏密封仓储普洱茶："打开一饼茶，一米半以外都能闻到扑鼻的香气。"闻听此言者无不莞尔。

2012 年，到访普洱市宁洱县，与国家级非物质文化遗产代表性传承人李兴昌先生相识，并一起上困鹿山皇家贡茶园实地访茶。此后每年春秋季访茶，多次拜访先生。后来终于有幸在普洱茶贡茶制作技艺传习所全程近距离看到李兴昌先生展示普洱贡茶制作的工艺过程。以传统文化背景保留下来的普洱茶制作技艺，蕴藏了丰厚的文化基因。

2014 年春天，访茶景迈山，无意间遇到布朗族学者苏国文先生，听先生讲述芒景布朗族与茶的故事。苏先生从人类文化学的角度开启了我们对于普洱茶的全新认识。

景迈山与苏国文合影

2014年秋天，终于走到了临沧市。我们从凤庆县出发往返百余公里参访拜谒了香竹箐3200年茶祖母，又抵赴临翔区邦东乡访茶昔归。在昔归，幸遇普洱团茶制作技艺代表性传承人阮仕林先生，实地观看学习普洱团茶的制作技艺。

2014年秋天和2015年春天，两次赴大理州下关茶厂参观。下关沱茶博物馆陈列的实物，无言诉说了过往的历史。国家级非物质文化遗产下关沱茶制作技艺代表性传承人李家兴先生，为我们亲身示范了沱茶的传统制作工艺。

回溯过往，历时五年的云南实地考察，到访过西双版纳州的古六大茶山、新六大茶山，普洱市困鹿山、景迈山、邦崴，临沧市的冰岛、昔归和香竹箐。实地深入考察，亲身感受了热带、亚热带产区的气候；运用茶树栽培学的知识考察了产地的茶树品种、茶园种植方式、土壤条件，有了切身的体会和感受。参观考察各大茶厂，体会制茶学的原理，

勐海守兴昌普洱熟茶发酵

实地感受崇尚西方科学思维下的茶叶现代加工工艺的发展和变化。以茶叶感官审评与检验为基础，采用茶叶感官审评方法，探讨普洱茶的品质。

深入产地考察的过程中，运用人类文化学的原理，采用田野考察法，记录傣族、布朗族、哈尼族、拉祜族、彝族、瑶族等少数民族与茶的关系，以期更清楚地理解普洱茶的形态所具有的独特文化内涵。

实地考察，以传统文化为视角，拜访李兴昌先生、李家兴先生、阮仕林先生，深入了解位列非物质文化遗产名录的普洱贡茶制作技艺、下关沱茶制作技艺、普洱团茶制作技艺背后的传统文化背景，以及其所表达的独特文化意蕴。

继承私学遍访名师的传统，拜访普洱茶众多的文化学者。来自民间的乡土私学学者，景迈的苏国文先生，易武的高发倡先生，普洱的杨中跃先生，勐海的林世兴先生，每一个人都在他专长的领域做出了可贵的探索和建设。普洱市何仕华先生在古茶树领域的探索与实践；黄桂枢先

与宛晓春教授合影

生在普洱茶文化领域的创设；昆明市蒋文中教授对于茶马古道的探索研究；原云南中茶公司高级工程师苏芳华先生的亲身经历，付诸文字，制定普洱茶的地方标准。众多学者为普洱茶的教育进行了理论与实践的双重构建。

蒋文中老师讲茶

普洱茶产在云南，藏在广东。2014年秋季，深入广东省珠三角地区，参观了典藏的七万多吨茶叶，多数为普洱茶的天得茶仓，使我们对于现代企业运用科学方法储存普洱茶有了深入的认识，纠正了既往的偏见。

纸上得来终觉浅，绝知此事要躬行。茶，其本质是一种商品，商品的属性决定了其终究是要凭借品质来赢得市场。茶，更是一种典型的农副产品，品质的优劣，会受到先天的环境、气候、土壤和茶树，以及后期的加工工艺、运输和贮藏条件的影响。茶学学科设置的最主要目的，就是使受教者获得掌握评定茶叶品质高低优次的能力。围绕这一教育目标，既往的官学教育茶学体系，在自然学科领域，通过实地调研，总结出茶树栽培学、制茶学、茶叶生物化学、茶叶审评与检验四门核心学科。1978 年全国农林院校的茶学统编教材出版，其后虽然历经多次的修订，仍然显现出与快速发展的茶行业在实践领域的探索有着明显的脱节。具体到普洱茶教育领域，理论与实践之间的距离更加遥远。

产地游学，首先是从自然学科领域认识普洱茶。养成鉴别普洱茶品质的专业能力，在普洱茶贸易过程中就掌握了主动权，获取了打开普洱茶财富之门的一把金钥匙。其次是从文化的视角进行观察和反思，明晰未来的发展路径。普洱茶的产地面积辽阔，在气候类型上横跨热带和亚热带，一年之中，只有明显的干湿两季。为了方便大众的认知，参照节气的划分，将其分为春茶、雨水茶和谷花茶。每年春茶季节的万商云集，以气候条件来俯瞰，追求的是最适宜茶树生长的气候条件。优良的大气候条件下，普洱茶的名山、名寨拥有优越的小气候条件，这是普洱茶品

易武大友茶厂

质先天殊异的缘由之一。易武的高发倡老师,形容热带的阳光用的是"辣"字,只有在产地亲身感受后才能领略这是多么准确生动的描绘。昼夜温差大,赋予了茶以更加丰厚的香味物质成分,这是高山普洱茶香醉人心的奥秘所在。游历云南茶山,仿佛进入了茶树资源的后花园,这里有镇沅县千家寨野生型古茶树王、澜沧邦崴千年过渡型古茶树王、南糯山人工栽培型茶树王。当历尽艰辛的人们亲眼看到了这些茶树王的时候,才能切身感受到自然的伟大。高大的乔木型茶树,挺拔的小乔木型茶树,低矮的灌木型茶树,特大叶种、大叶种、中叶种、小叶种,云南云集了全类型茶树品种。眼前活生生的茶树,远胜于教科书上苍白的表述。当我们摘下一片特大型茶树鲜叶遮蔽住一只眼睛的时候,内心慧眼洞开。当人们游走在古茶园里的时候,面对这与森林完美融为一体的古茶园,回看在烈日下灼烤的现代茶园，不得不反思，我们在科技的名义下让茶走入了歧途，而祖先的智慧令人万分敬仰。祖先留下来的手工加工工艺，顽强地生存了下来，从毛茶的初制，到茶叶的紧压成型，每一道工序都是先人经验和智慧的结晶。几百年，几十年前遗留下的老茶，更是活生生的例证，被誉为"可以喝的古董"。这种与现代科学思维迥异的文化思维，赋予了普洱茶以恒久的生命活力。

　　回望唐朝，茶圣陆羽穷数十年之功，数易其稿，终成一册《茶经》，开创了茶学的门径。现代茶学的理论，来自于实践经验的总结，茶学大家庄晚芳、陈椽、王泽农、陆松侯等先辈茶人，深入产地考察，总结实践中的精华，汇集成学术成果。在前人成果上的后人，渐渐忘记了先辈们的优良作风，自以为不出书斋便可以知晓世间茶事，理论与实践之间渐行渐远。茶学教育的目的，在于为茶行业培养亟

与陈露云老师合影

需的人才。理论与实践之间的相互关照，才是人才培养的王道正途。这正是先贤王阳明所倡"知行合一"的理念所在，游学访茶正是对这一理念的躬身践行。

回顾与展望

纵观过往，官学往往在当时居于正统地位。现下的茶学与之相仿，来自农林院校、科研机构的茶学教育隶属于官学，根柢于来自西方的科学思维之上，学科建设偏向于自然学科领域，为茶行业的腾飞在技术上奠定了坚实的基础。

而私学则处于辅助的地位。现下的茶学私学教育，来自于民间的学者。它上承中国传统文化，是基于自身文化价值重新审视后的自我价值觉醒。以普洱茶为例，民间学者的成果偏重于人文学科的文化重构，为茶行业的发展提供永续的精神源泉。

展望未来，以科学主义思维主导下的自然学科类的茶学领域的官学教育，与以传统文化主导下的人文学科类的茶学领域的私学教育，面临重新融会的历史契机。

普洱茶学教育路径的探索，只有打破官学与私学之间的藩篱，融会自然学科与人文学科的成果与精髓，才能实践出一条全新的教育路径。

　　独立的品格、开阔的胸襟、兼纳并蓄的学养，"学为人师，行为世范"，应是每一个普洱茶学教育者的追求。茶路漫漫，每一个行走在茶路上的人都需要上下求索之。